La Guía Ilustrada de Formatos Cinematográficos

Escrita e ilustrada por
Ashley Blewer
Traducción por Valeria Dávila

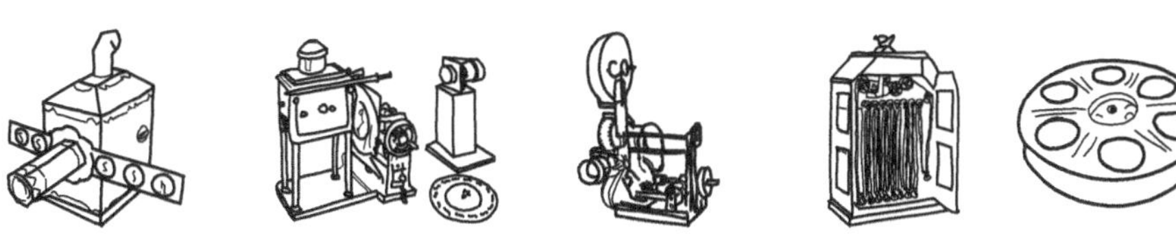

La Guía Ilustrada de Formatos Cinematográficos

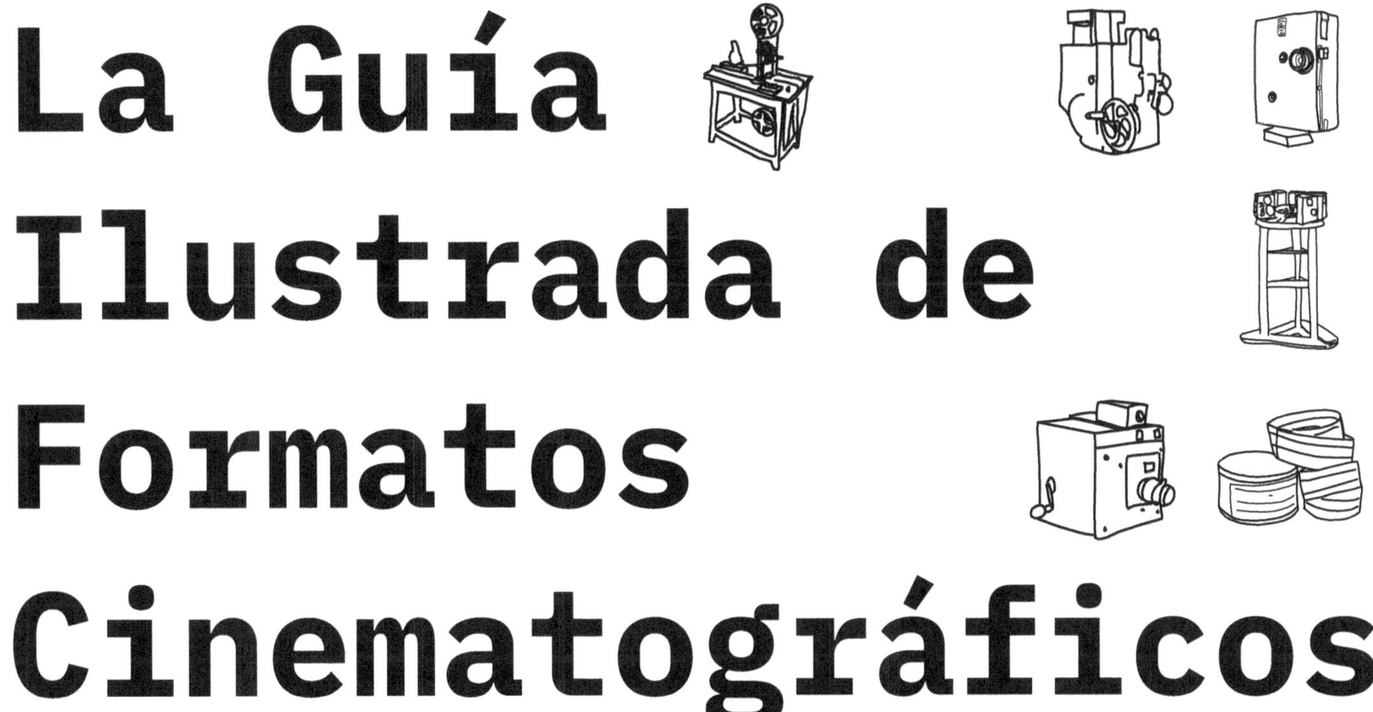

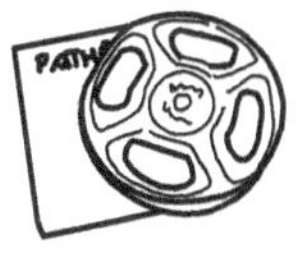
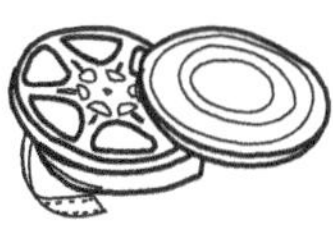
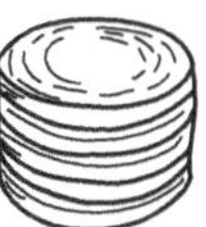
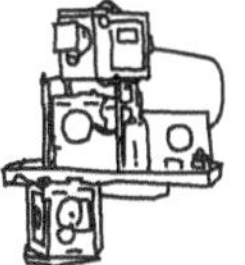
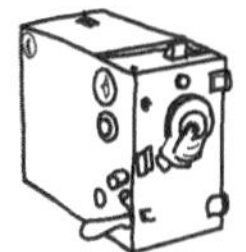
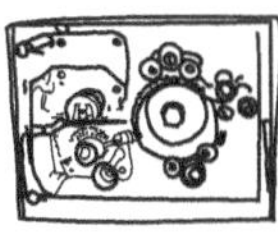
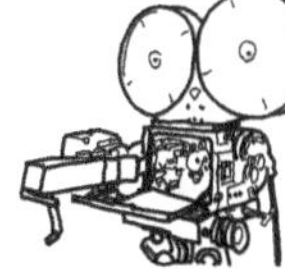
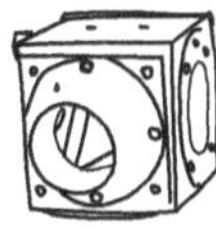
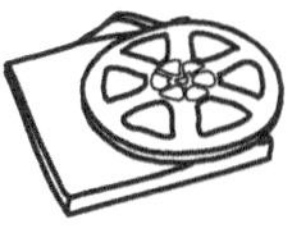
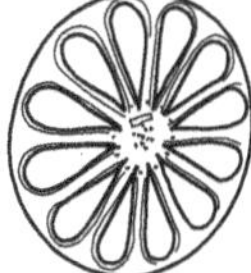
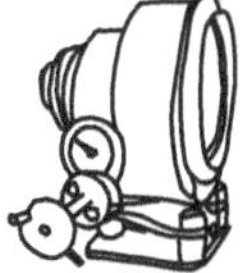
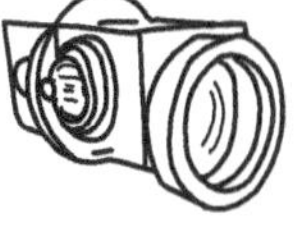
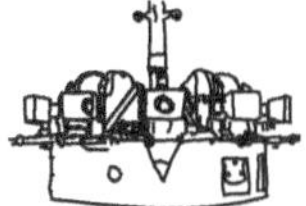
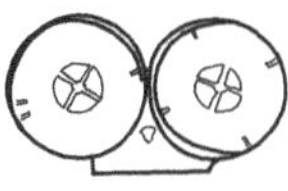
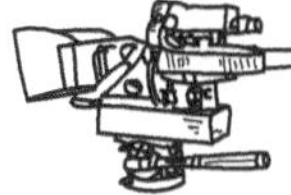
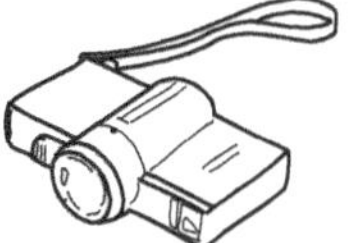
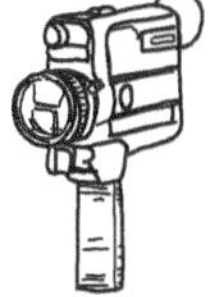
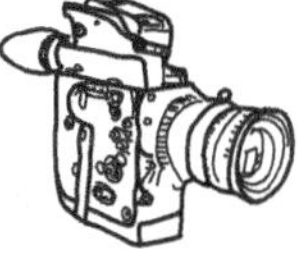
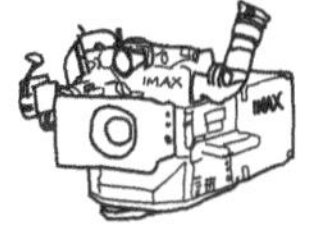
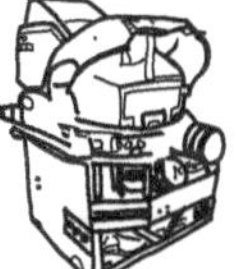
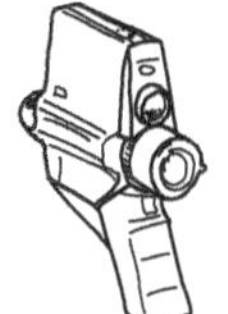
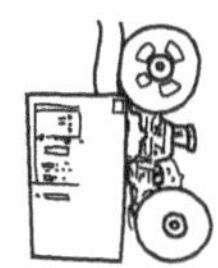
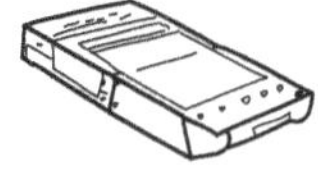
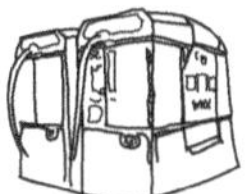

Escrita e ilustrada por
Ashley Blewer
Traducción por Valeria Dávila

A mis compañeros abejorros, Marleigh y Travis

Tabla de contenido

Introducción

Este libro brinda una descripción general introductoria de
36 formatos cinematográficos históricamente significativos.
Estos formatos incluyen importantes desarrollos en cámaras
de imágenes en movimiento, proyectores y el medio
cinematográfico.

Cada página de formato incluye los siguientes detalles:

También conocido como: Cualquier otro nombre notable con el
que este formato era "también conocido (como)"

Formato: si el formato era principalmente analógico o
digital

Desarrollado por: El principal desarrollador, fabricante o
titular de la patente del formato.

Era: la era aproximada de producción (reconociendo que las
fechas de finalización son particularmente confusas, ya que
algunos formatos continuaron usándose mucho después de su
fecha de vencimiento de producción)

Relación de aspecto: la relación entre el ancho y la altura
por cuadro de película (medida del cuadro, no proyectada, a
menos que se indique lo contrario)

Tamaño: El ancho de la película, en milímetros

Datos curiosos: tres frases informativas sobre el formato

¡Espero que disfrutes de esta guía ilustrada y te animo a
que explores cada uno de los formatos más a fondo por tu
cuenta!

Linterna mágica

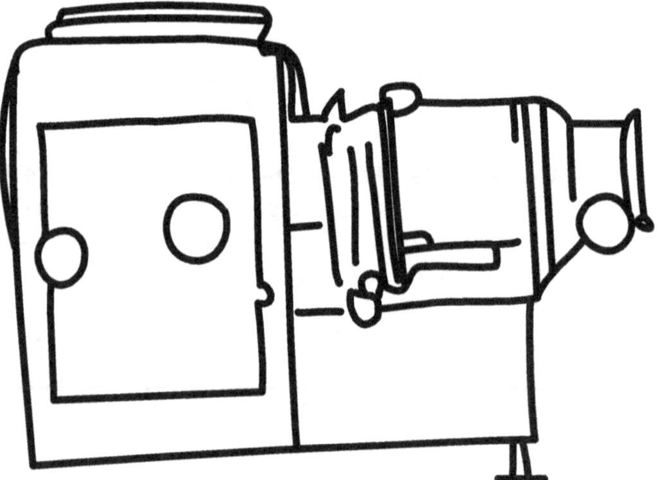

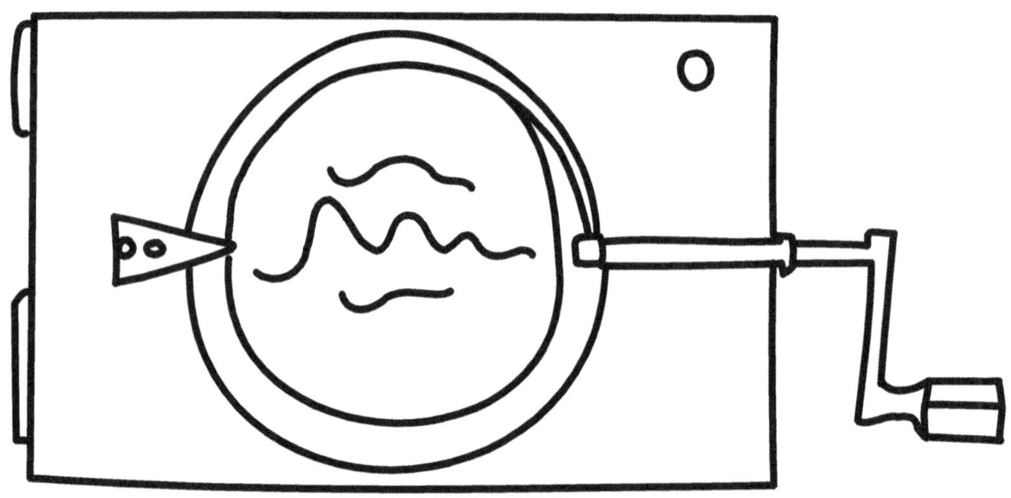

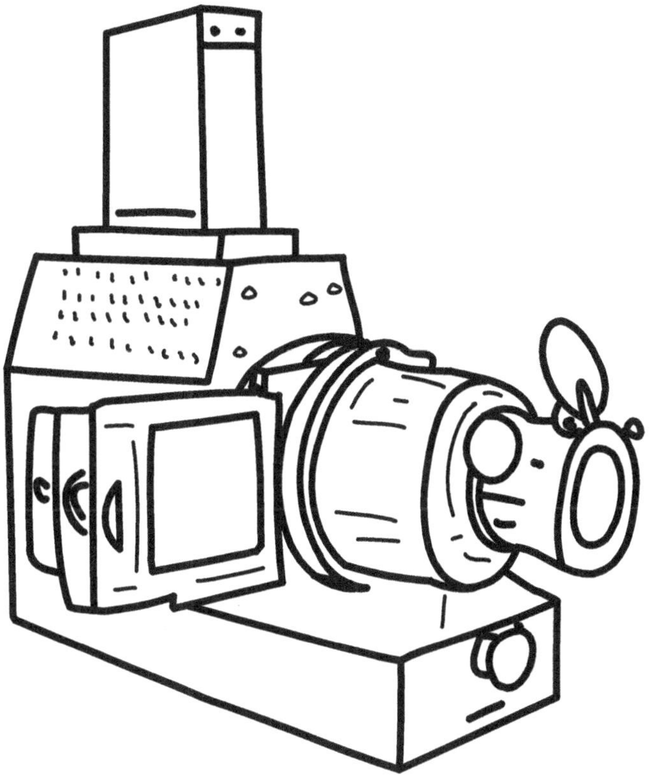

Dato curioso
Esta tecnología mejoró en
la década de 1800 a través
de mejores fuentes de luz,
en particular, las fuentes
de luz de calcio
(también conocidas como
luz de Drummond) y eléctricas

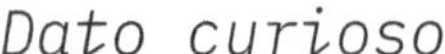

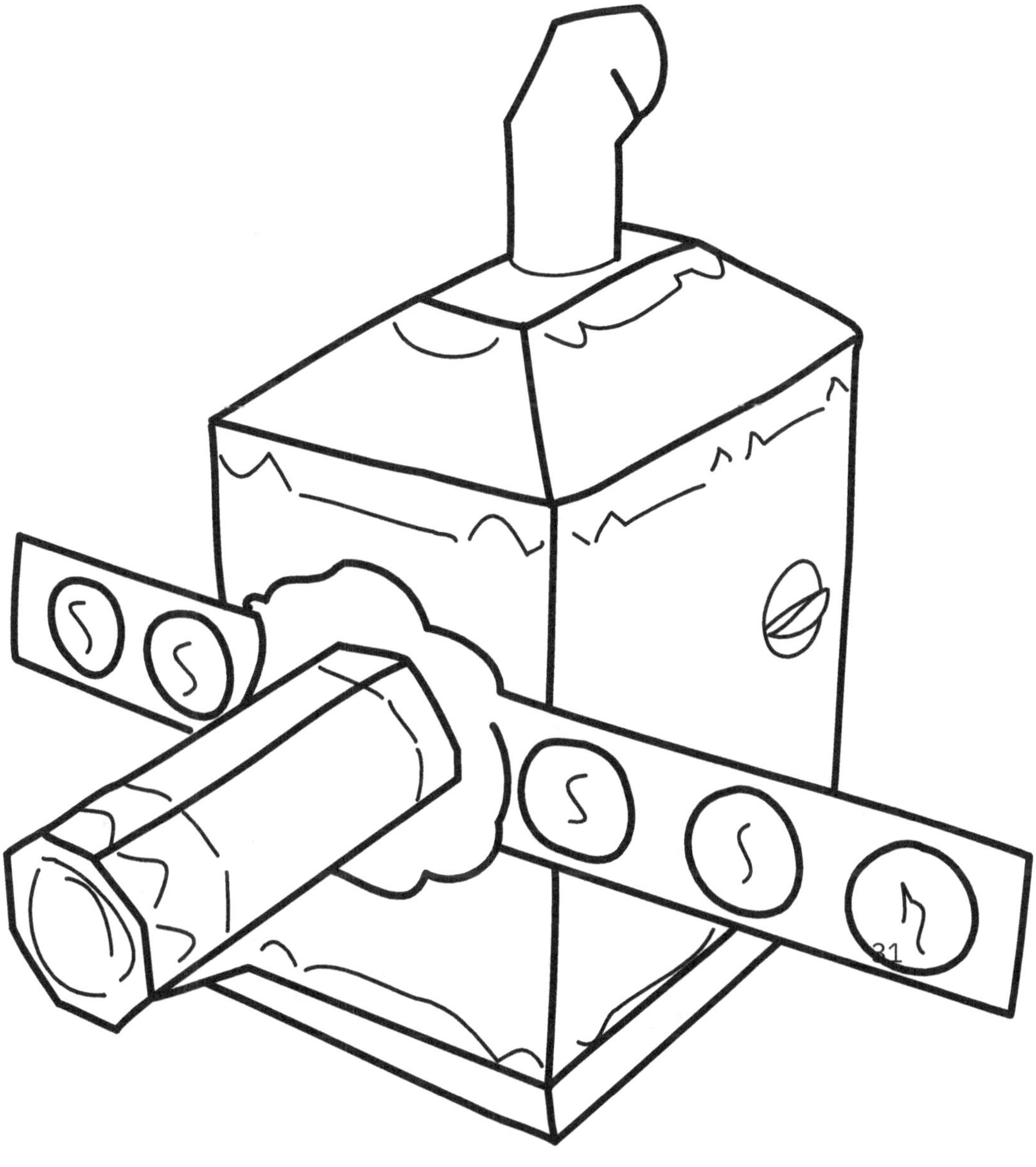

Zoopraxiscopio

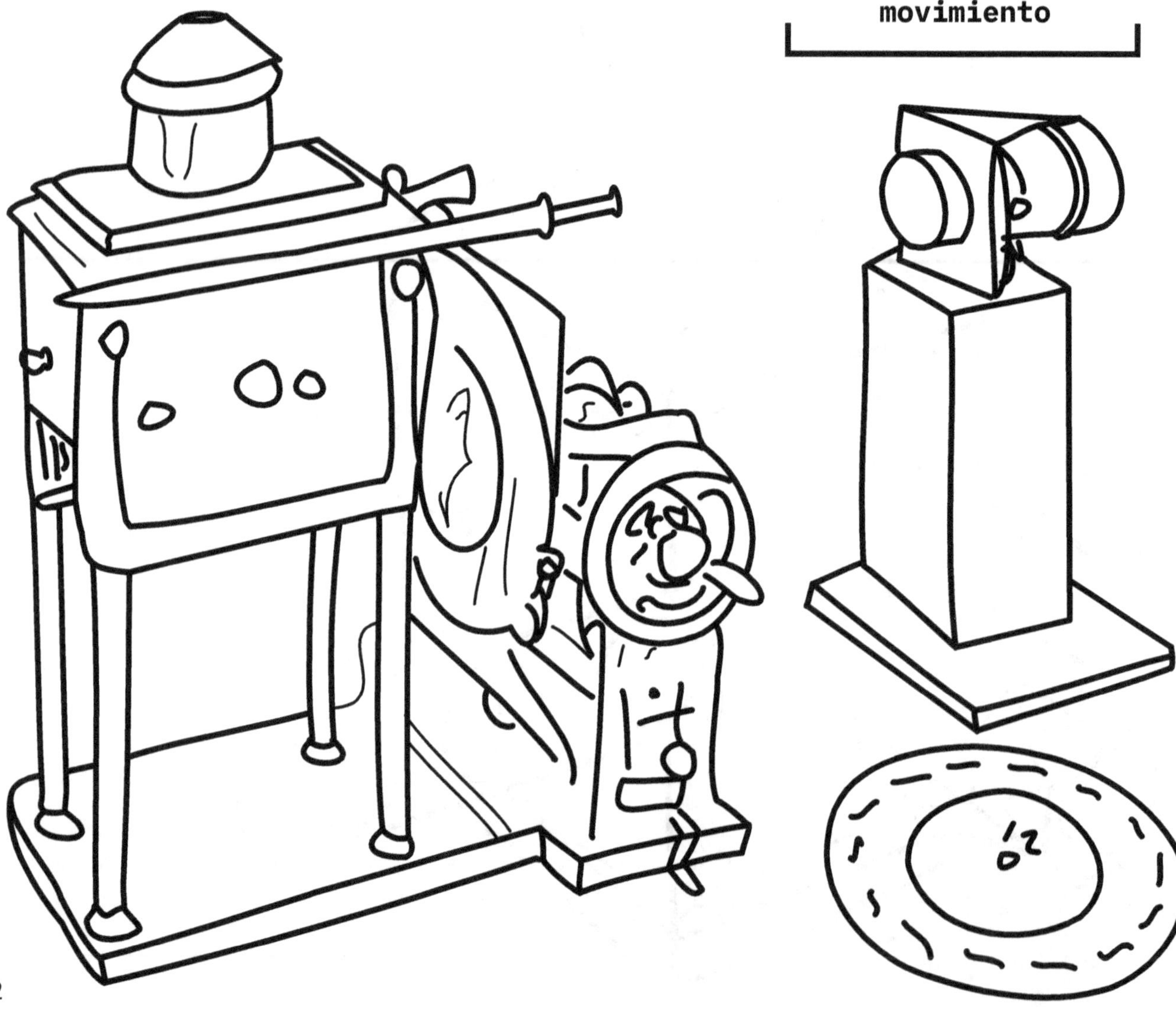

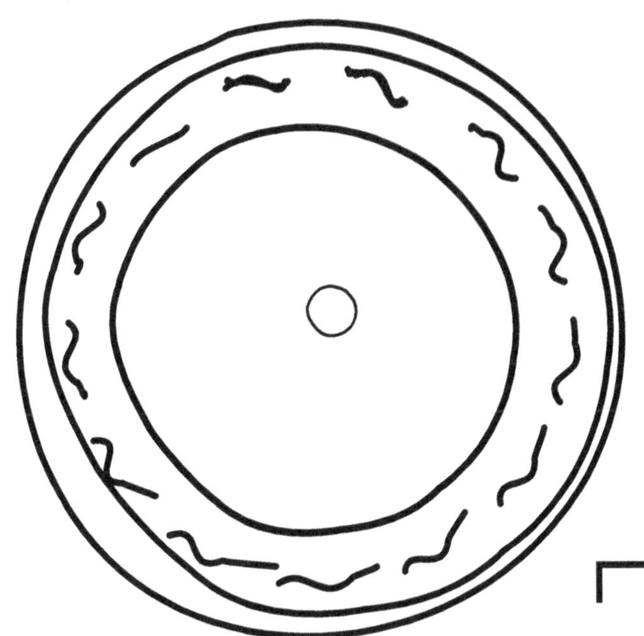

Dato curioso
Las ilustraciones eran pintadas sobre vidrio basadas en la fotografía en movimiento, capturando así movimientos realistas

Dato curioso
Este formato inspiró la tecnología de cámara de imágenes en movimiento

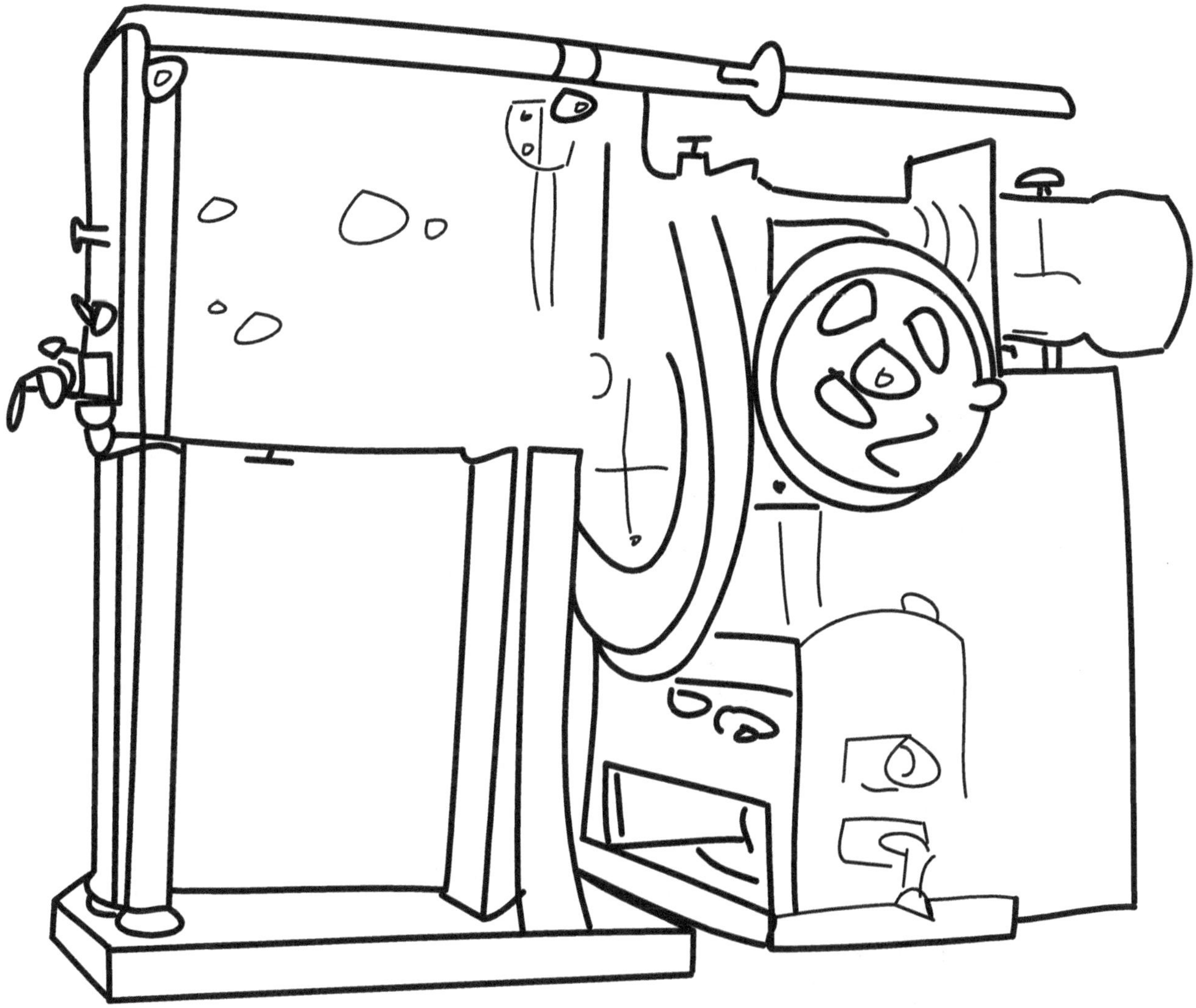

Película de 35mm (Silente)

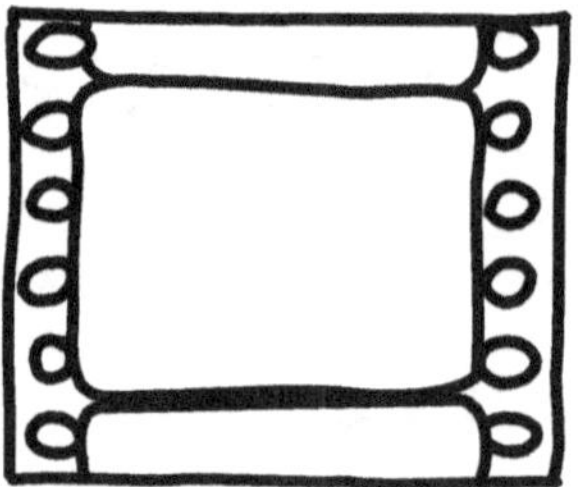

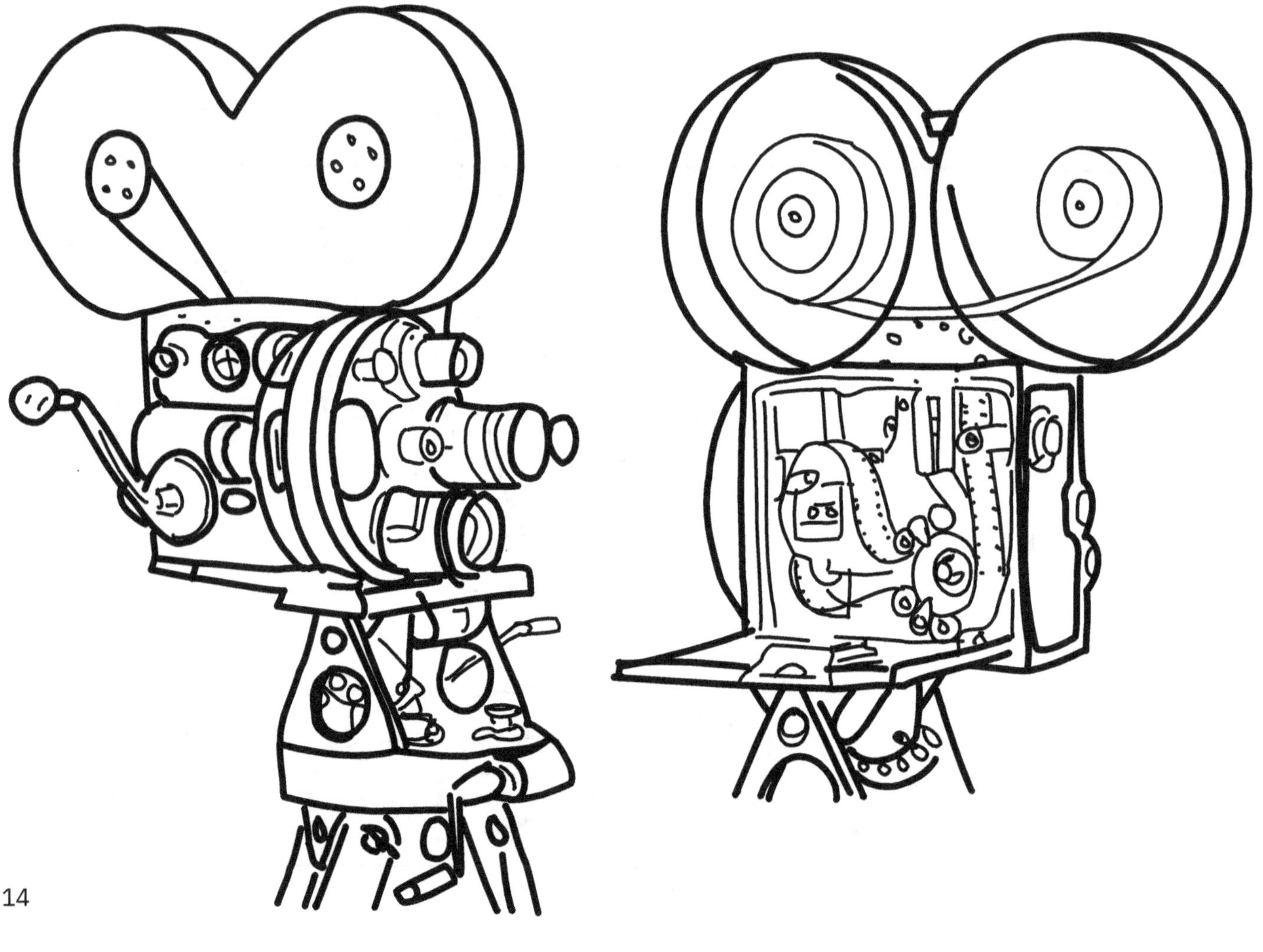

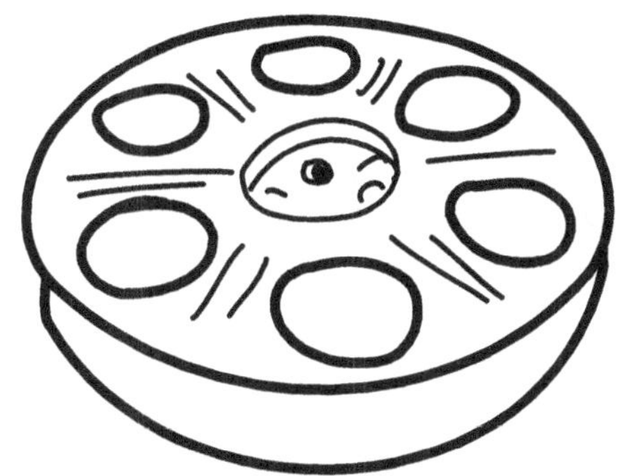

Dato curioso
Este formato da como resultado
16 fotogramas por pie de película

Dato curioso
Este formato suele
ser en blanco
y negro (a
menos que esté
pintado a mano)
y utiliza
nitrocelulosa
como base

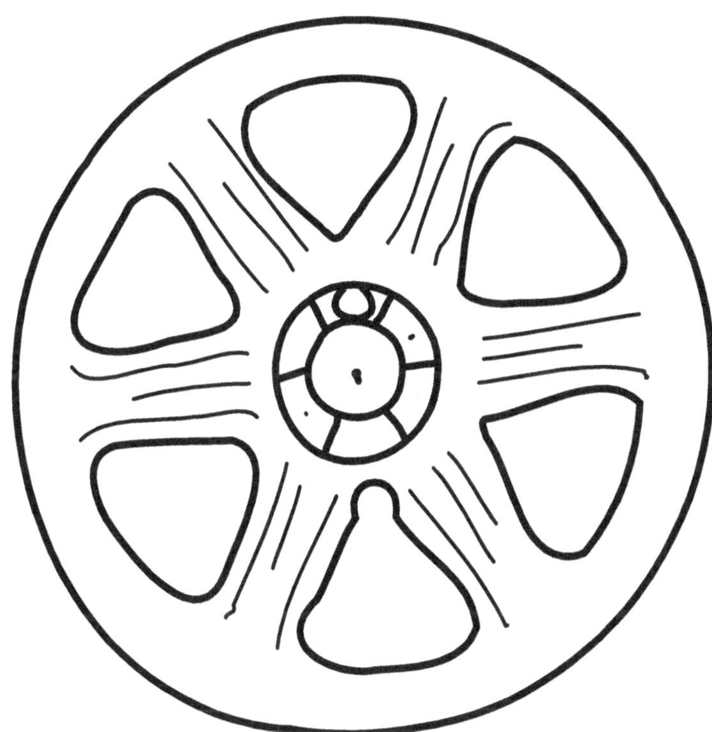

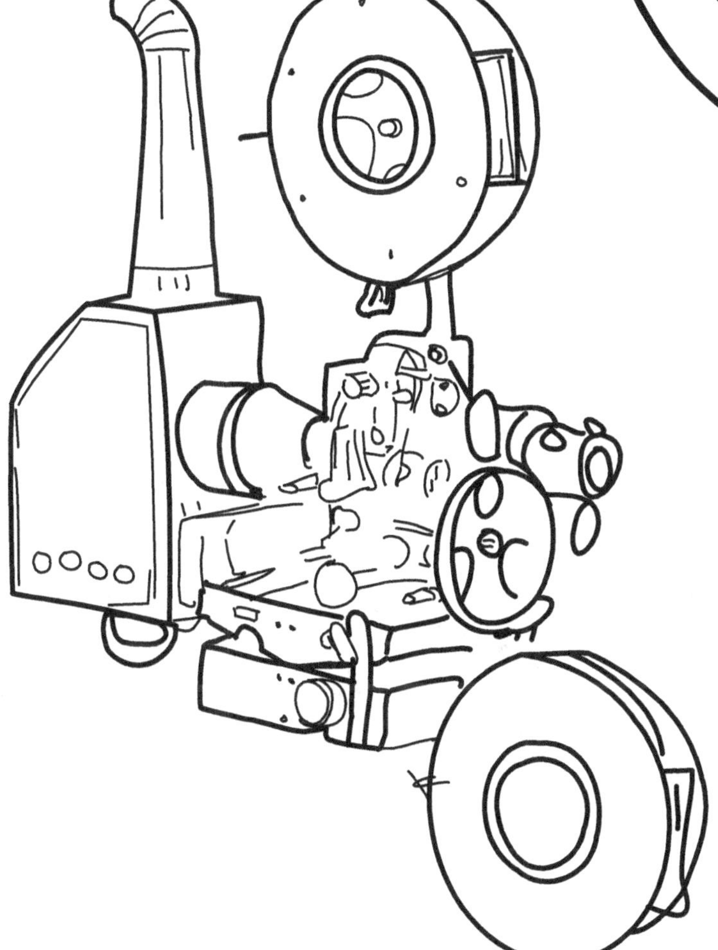

Dato curioso
Este es el calibre
de película más
utilizado. Introducido
alrededor de 1980, se
convirtió en un estándar
internacional en 1909 y
siguió siendo el calibre
de película de imagen en
movimiento dominante (con
variaciones en la
relación de aspecto)

Fantoscopio

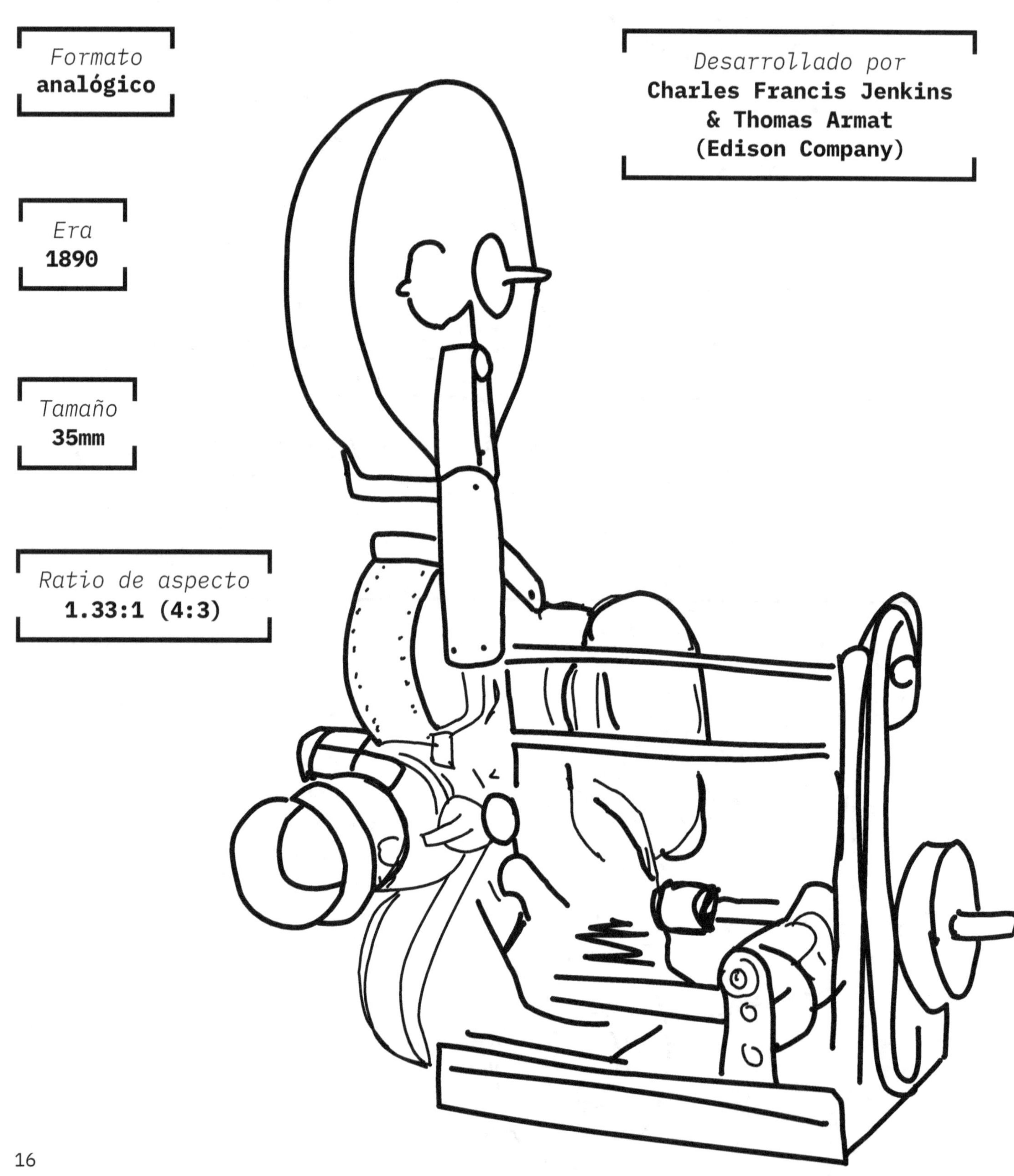

Dato curioso
Este fue uno de los primeros proyectores jamás creados, y el primer proyector en usar película 35 mm

Dato curioso
Este formato no debe confundirse con el Fantascopio (Phantascope), que era una linterna mágica de movimiento desarrollada casi al mismo tiempo

Dato curioso
Mediante un acuerdo con la Edison Company, este formato se comercializaría como "Vitascope"

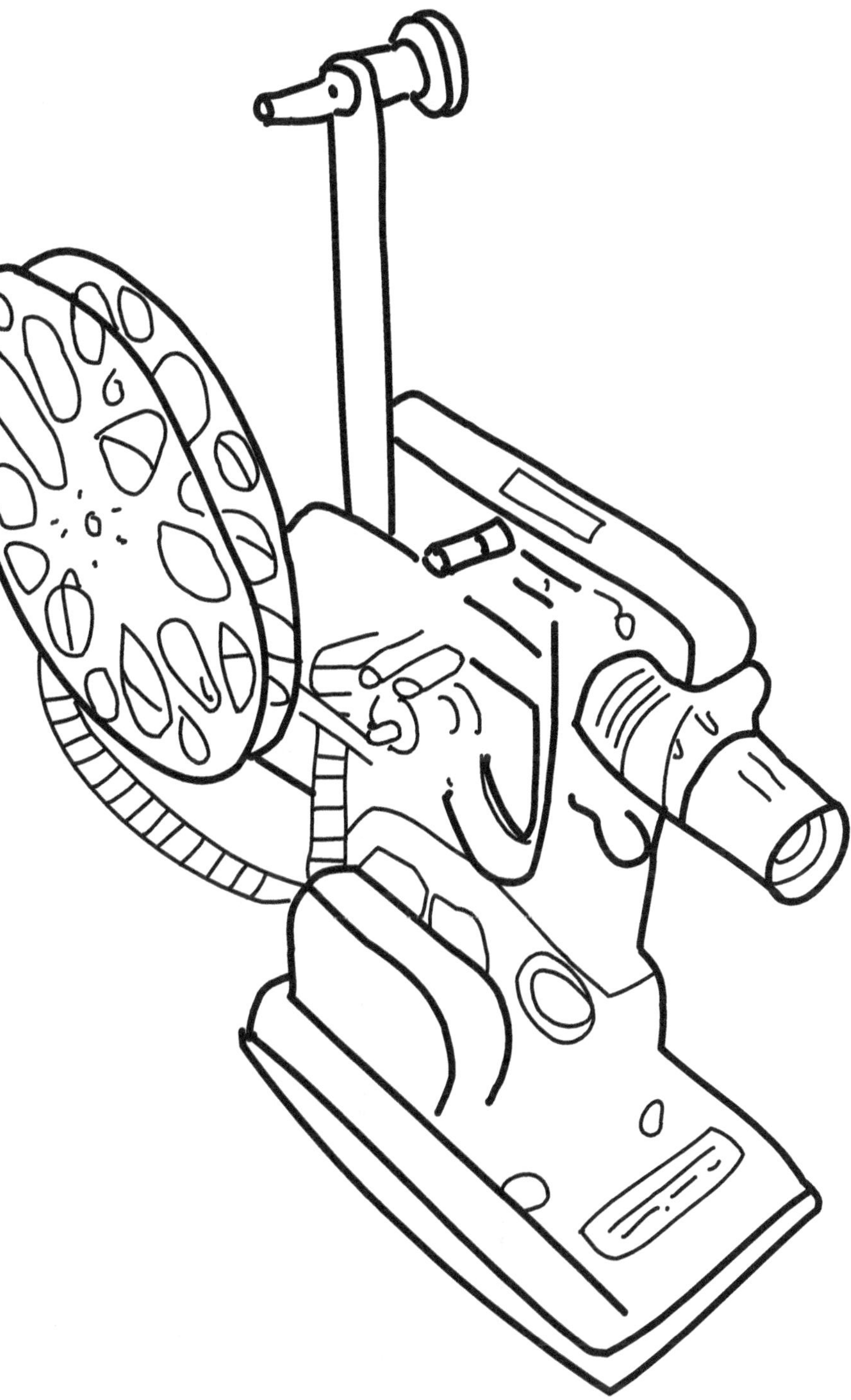

Kinetoscopio y Kinetógrafo

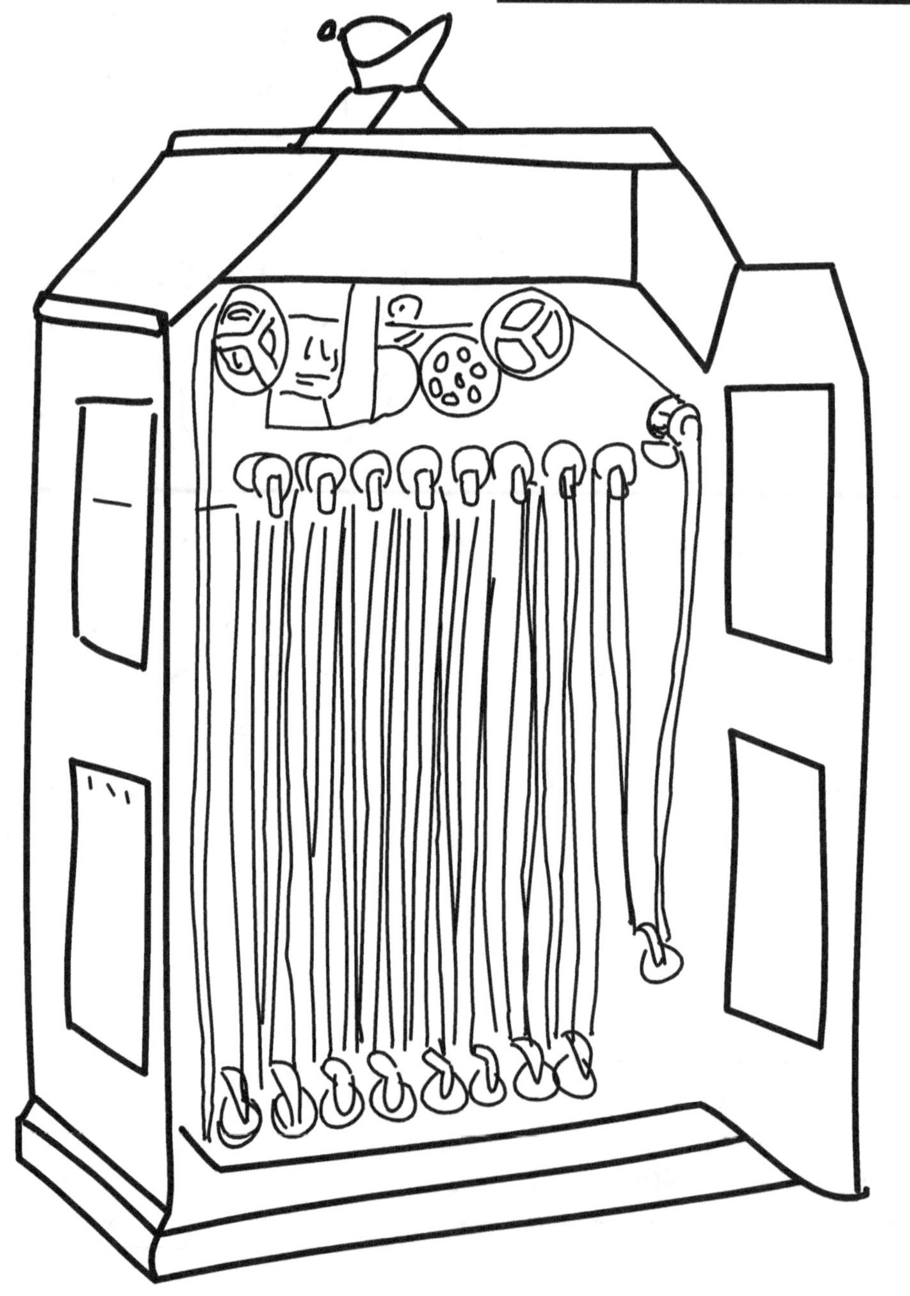

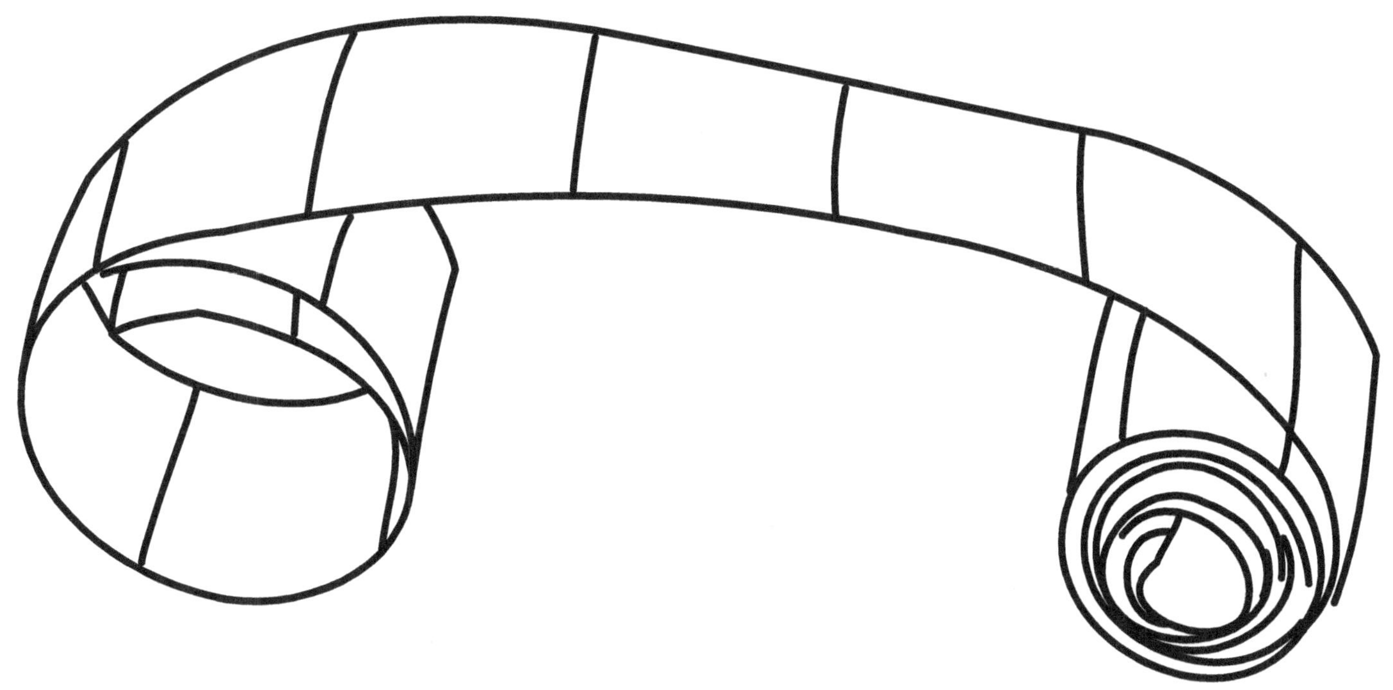

Dato curioso
Este formato se basó
en el trabajo de la
Edison Company sobre
el cilindro fonográfico

Dato curioso
Esta fue la primera
cámara cinematográfica
en utilizar película de
celuloide y electricidad

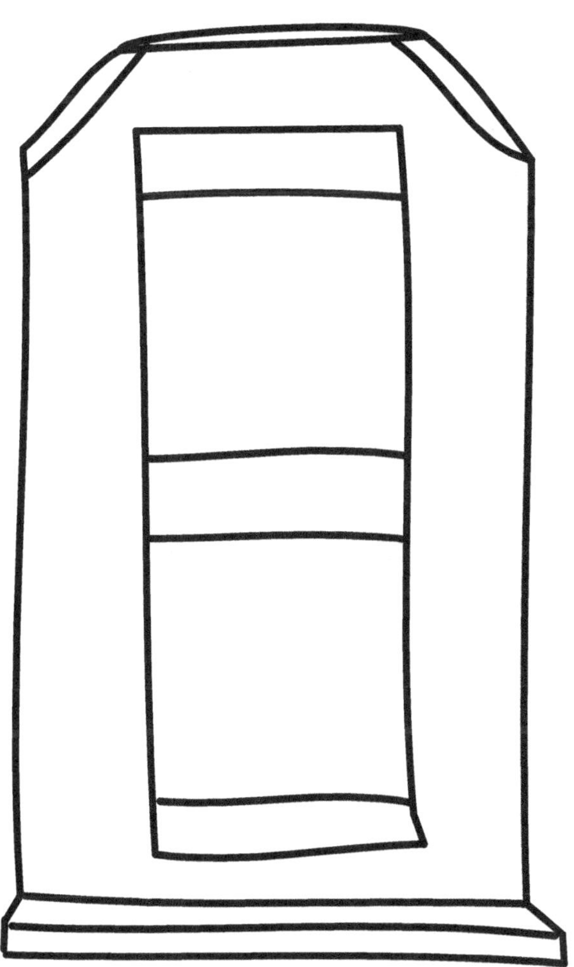

Dato curioso
El Kinetoscopio era
el dispositivo de
visualización y el
Kinetógrafo era
la cámara de grabación

Cinematógrafo

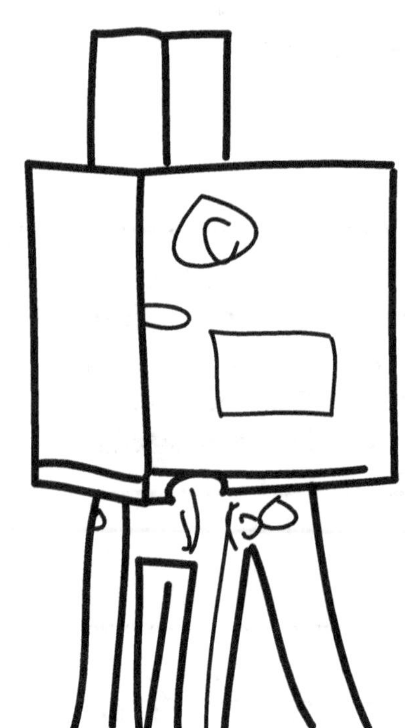

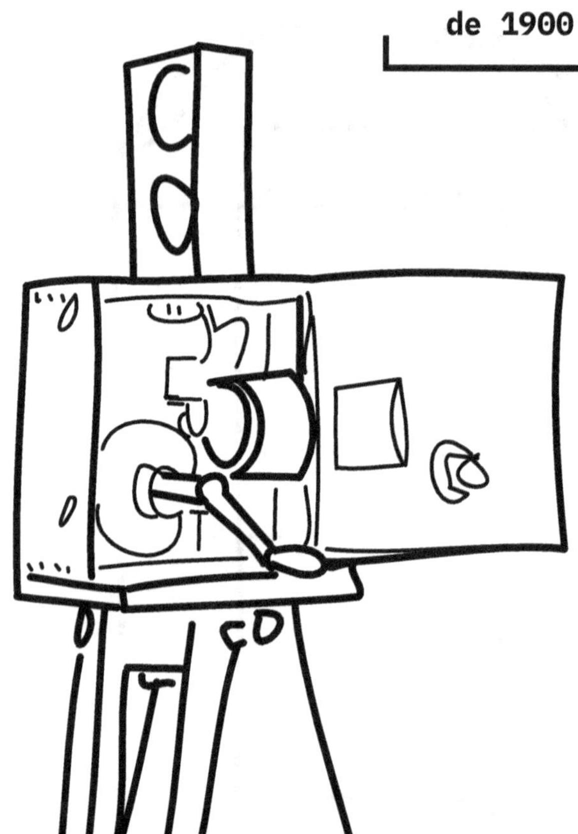

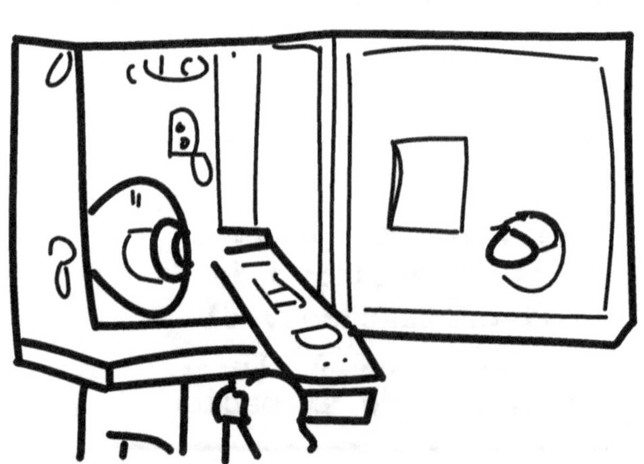

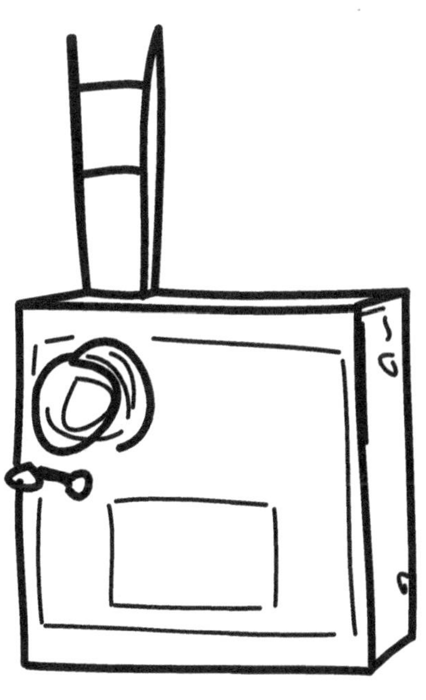

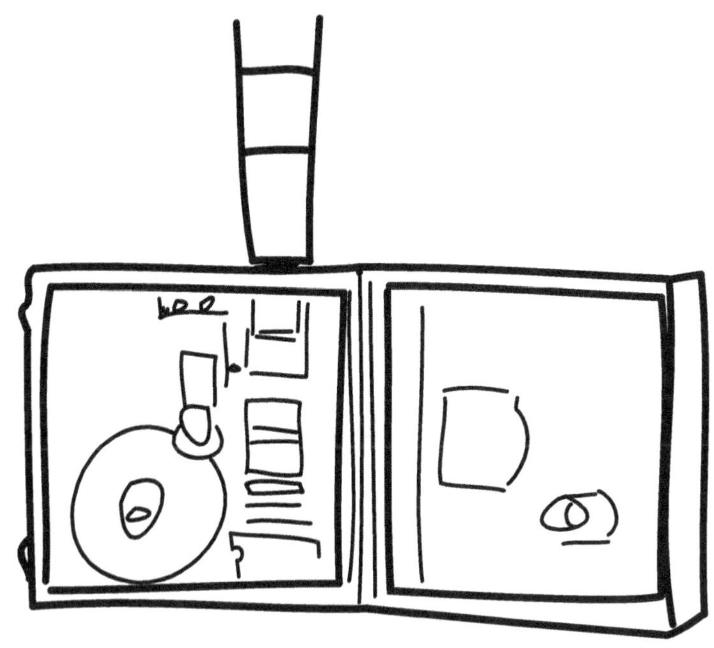

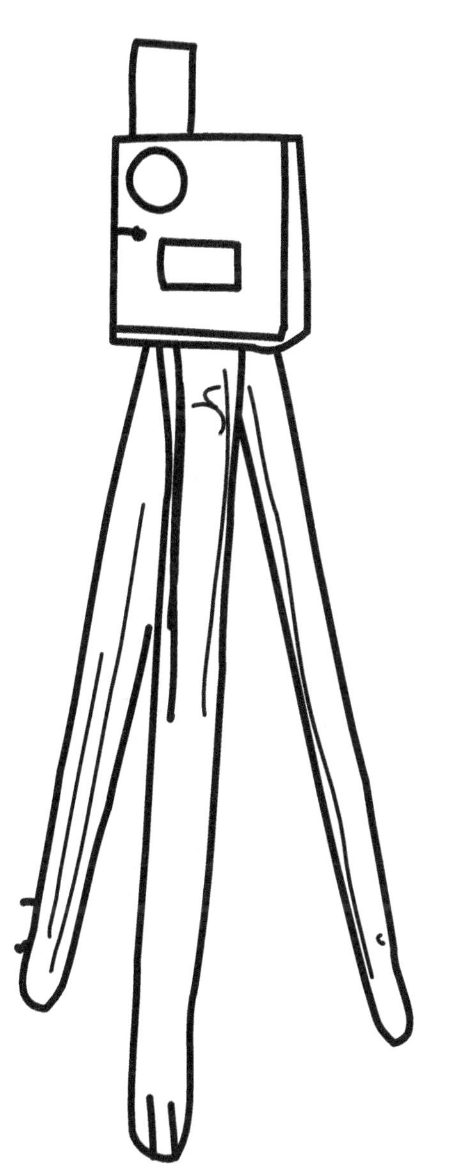

> *Dato curioso*
> **Esta máquina pesaba 16 libras (7,25 kilos) y era accionada a mano**

> *Dato curioso*
> **Este formato era proyector y cámara en el mismo dispositivo (por primera vez)**

> *Dato curioso*
> **Inventado por Léon Bouly, este formato fue adoptado y popularizado por los hermanos Lumière**

Eidoloscopio

Desarrollado por
Eugene Augustin Lauste & Woodville Latham (Lambda Company)

También conocido como
Cinématographe (en francés) o Kinematograph (en inglés)

Dato curioso
Este fue probablemente el primer formato de película de pantalla ancha, con una relación de aspecto de 1,85: 1

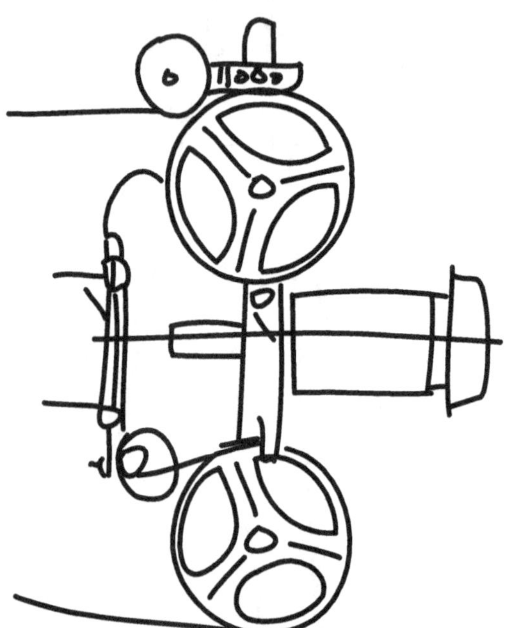

Dato curioso
Este fue el primer dispositivo en utilizar el bucle de Latham, un método que permitía que las tiras de película se movieran rápida y suavemente a través de un proyector

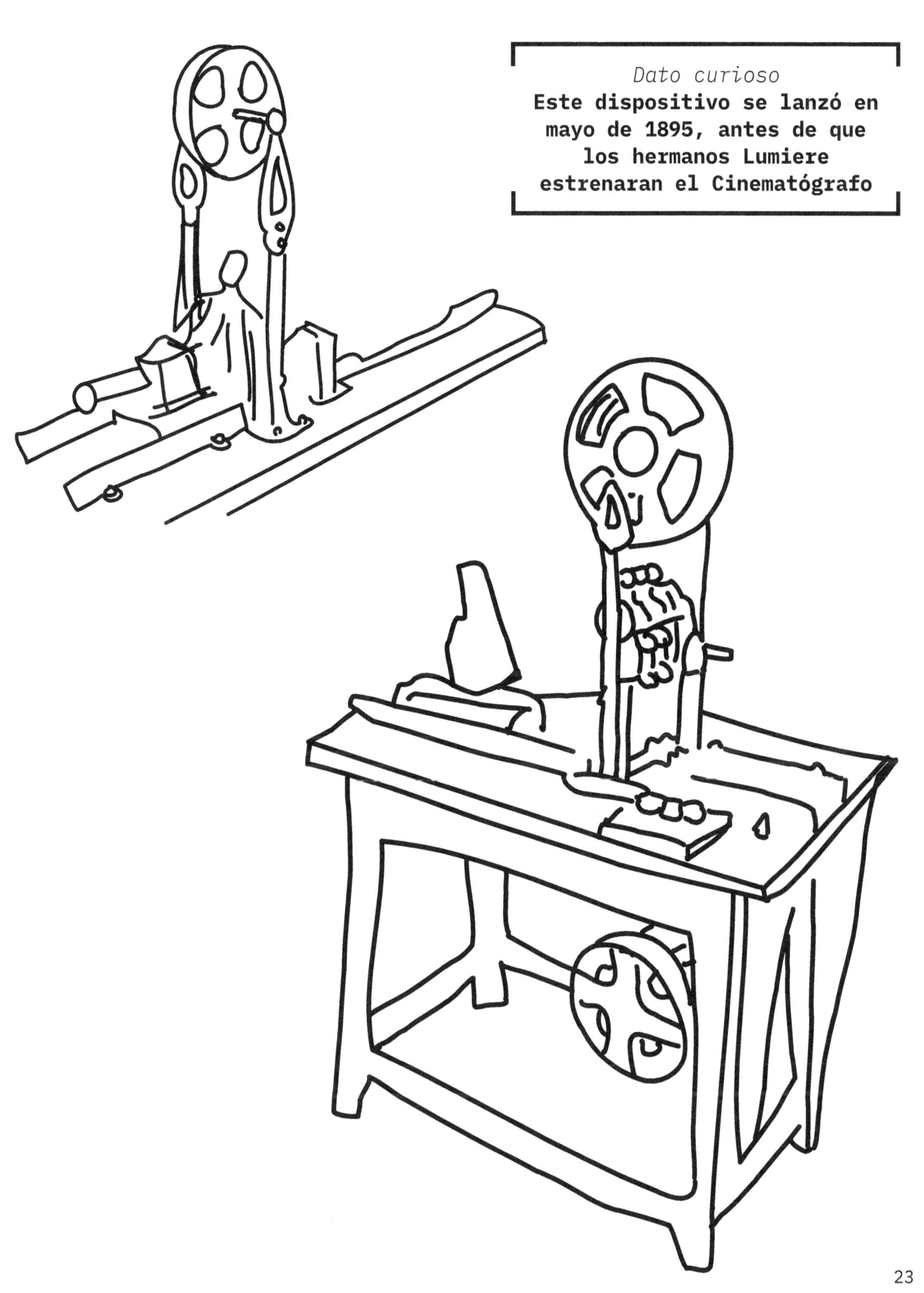

Dato curioso
Este dispositivo se lanzó en
mayo de 1895, antes de que
los hermanos Lumiere
estrenaran el Cinematógrafo

Bioscop

Era
**1895–década
de 1900**

Tamaño
54mm

También conocido como
**Bioskop o Bioscope
(en inglés)**

Desarrollado por
Max Skladanowsky

Dato curioso
**Este formato utilizaba dos bucles
de tiras de película de 54 mm sin
perforaciones laterales durante
la filmación y 4 perforaciones
durante la proyección**

Ratio de aspecto
1.33:1 (4:3)

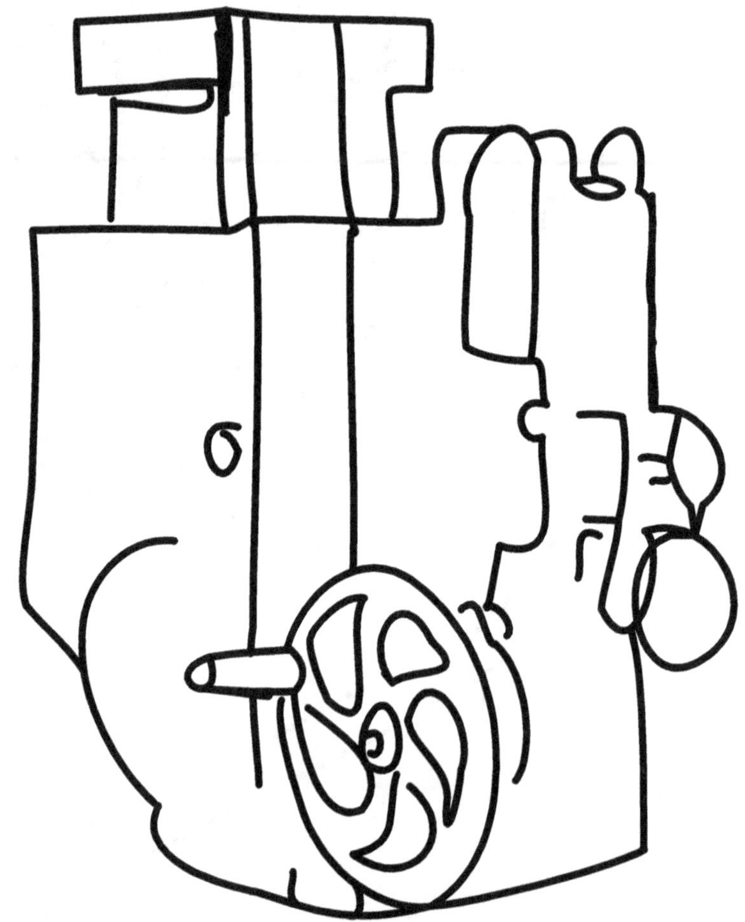

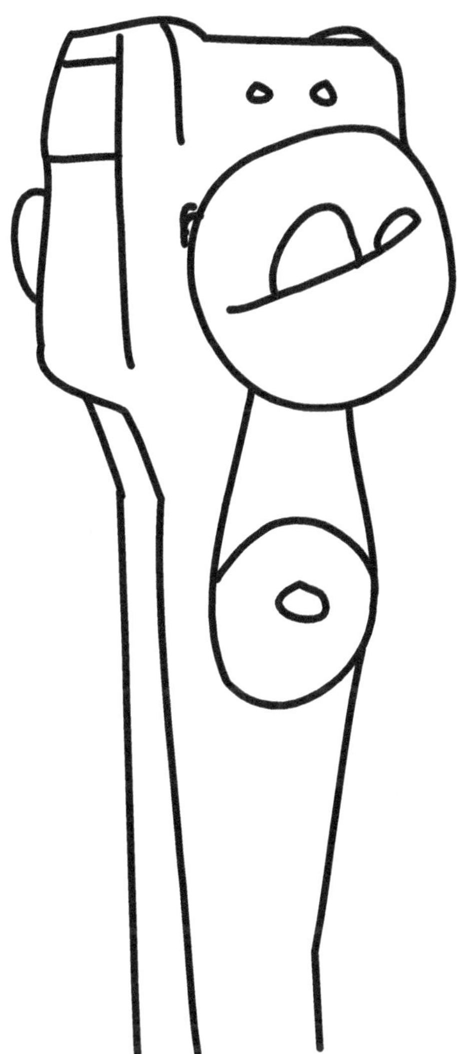

Dato curioso
Este sistema funcionaba
proyectando un fotograma
de cada tira de película
en sucesión rápida

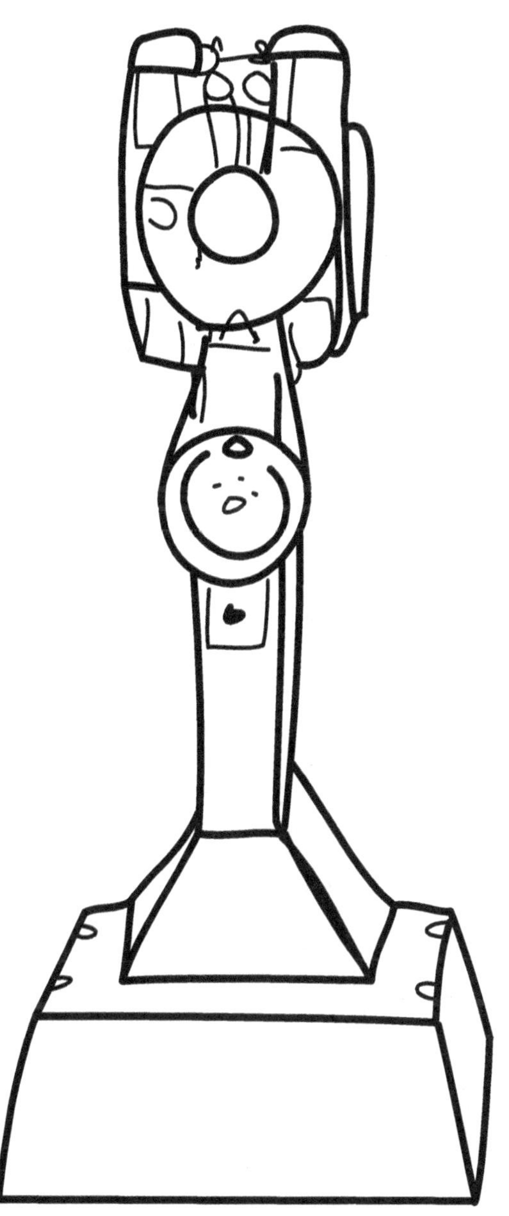

Dato curioso
Las imágenes de
esta cámara
debutaron
en julio
de 1895 y
Skladanowsky
recibió una
patente en
noviembre
de 1895

Biografo y Mutografo

También conocido como
68mm

Era
1897–1902

Desarrollado por
**William Kennedy Dickson
& Herman Casler
(Biograph Company)**

Ratio de aspecto
1.35:1

Tamaño
68mm

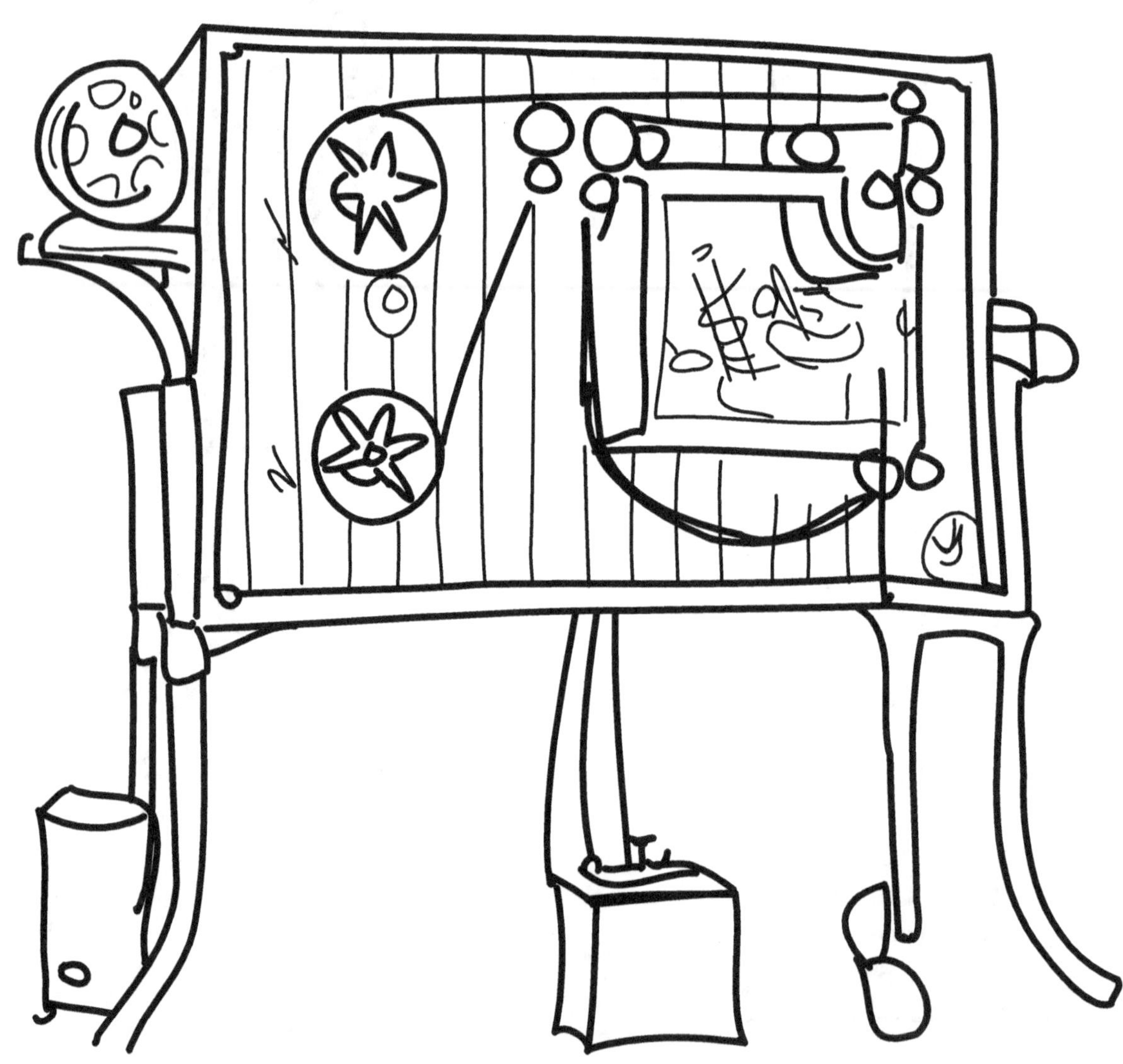

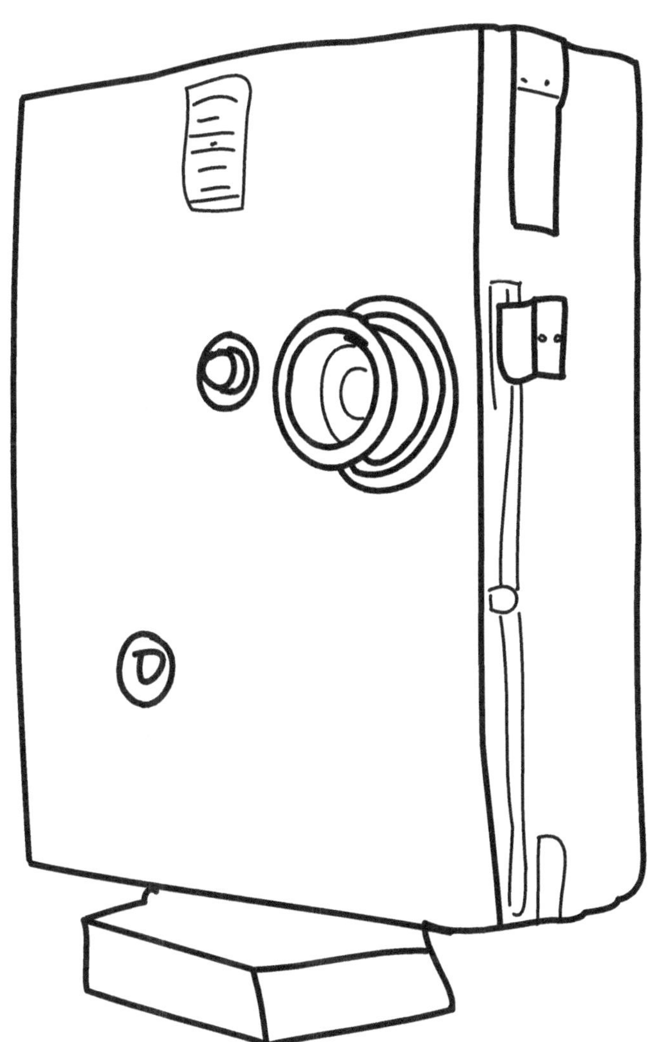

Dato curioso
El Mutografo
era la cámara
de grabación, y
el Biografo era
el proyector

Dato curioso
Este formato
carecía de
perforaciones,
a menos que
las misas se
añadieran para
asistir a
la proyección

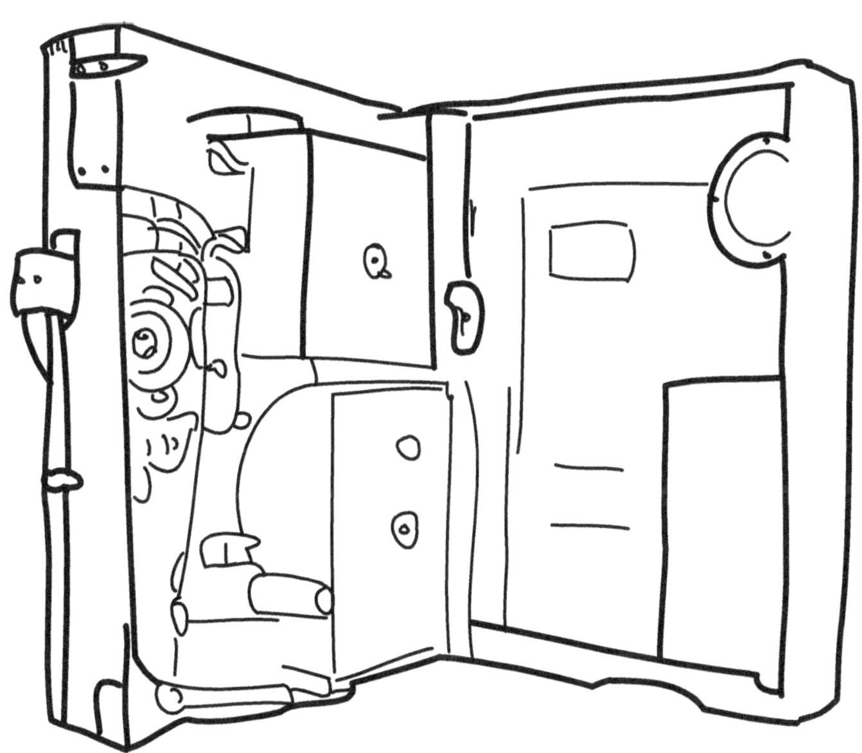

Dato curioso
Las primeras
versiones de
esta cámara
utilizaban un
formato mayor
para evitar
las patentes
cinematográficas
de Edison

Cinéorama

Era
1897

Tamaño
70mm

Desarrollado por
Raoul Grimoin-Sanson

Ratio de aspecto
1 (360°)

Dato curioso
Aunque la proyección fue exitosa, la sala de proyección se calentaba al punto de que en una ocasión el operador se desmayó, por lo que era demasiado peligroso continuar usándola

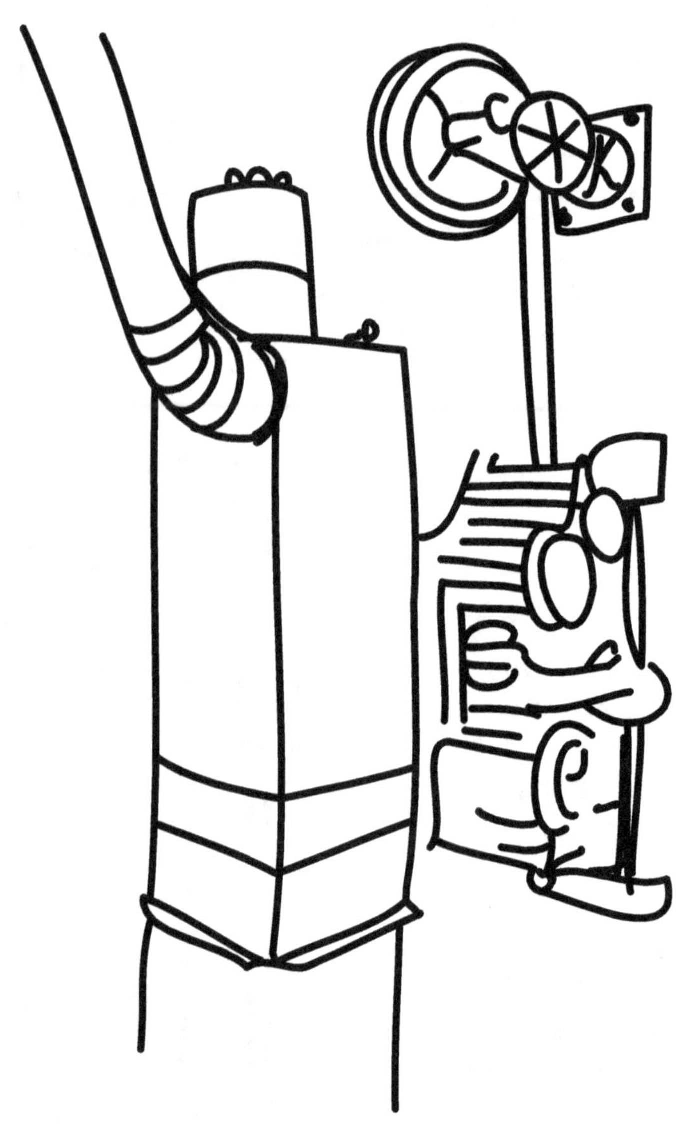

Dato curioso

**Este sistema se
estrenó en la
Exposición Universal
de París de 1900**

Dato curioso

**Este formato consistíaen 10
proyectores que proyectaban
en pantallas de 9x9 metros**

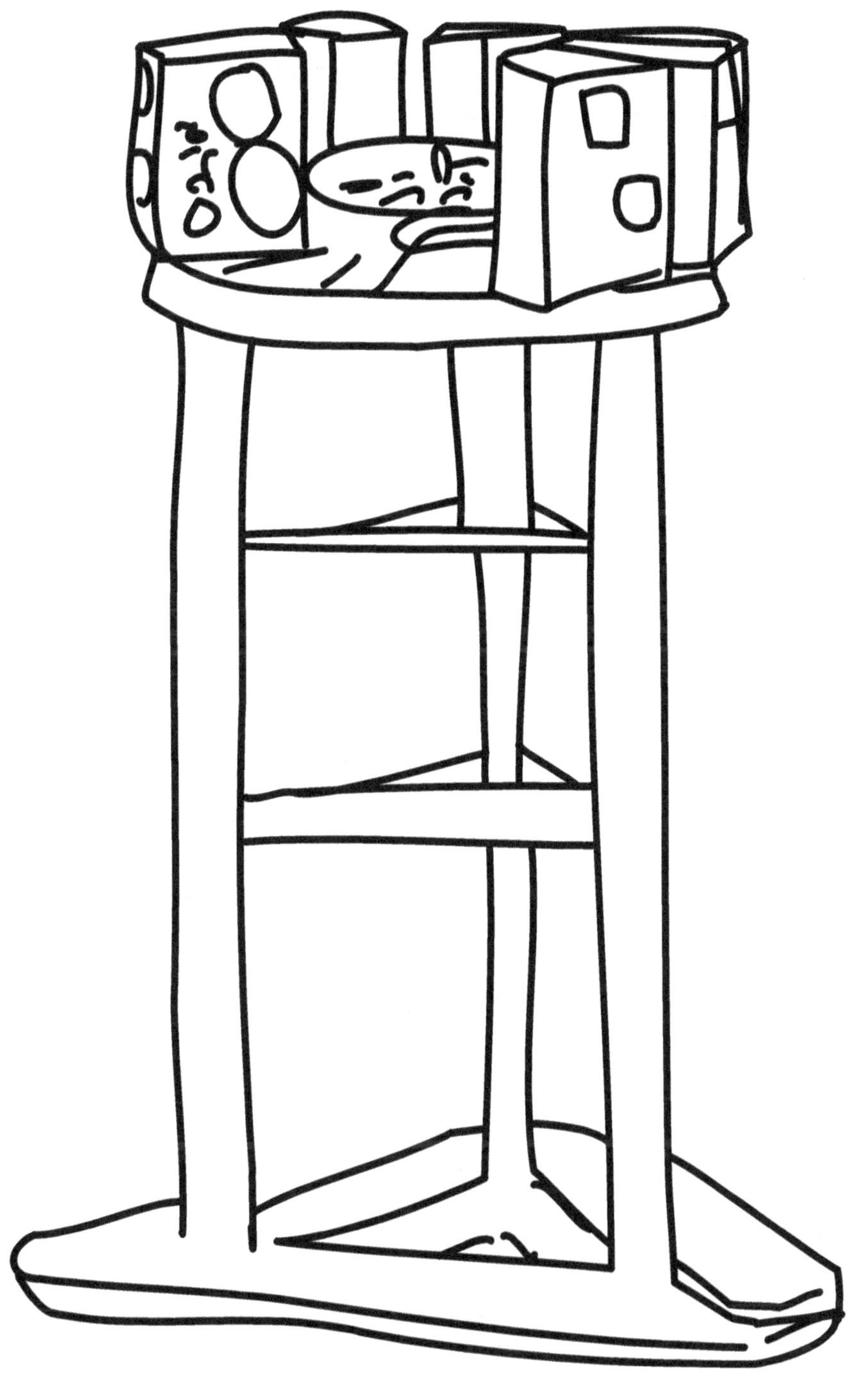

Película de 17,5mm

Era
1898–dédada de 1900

Tamaño
17.5mm

Desarrollado por
Varios

Ratio de aspecto
Varios

Dato curioso
Este formato podía obtenerse cortando tiras de película 35 mm a la mitad

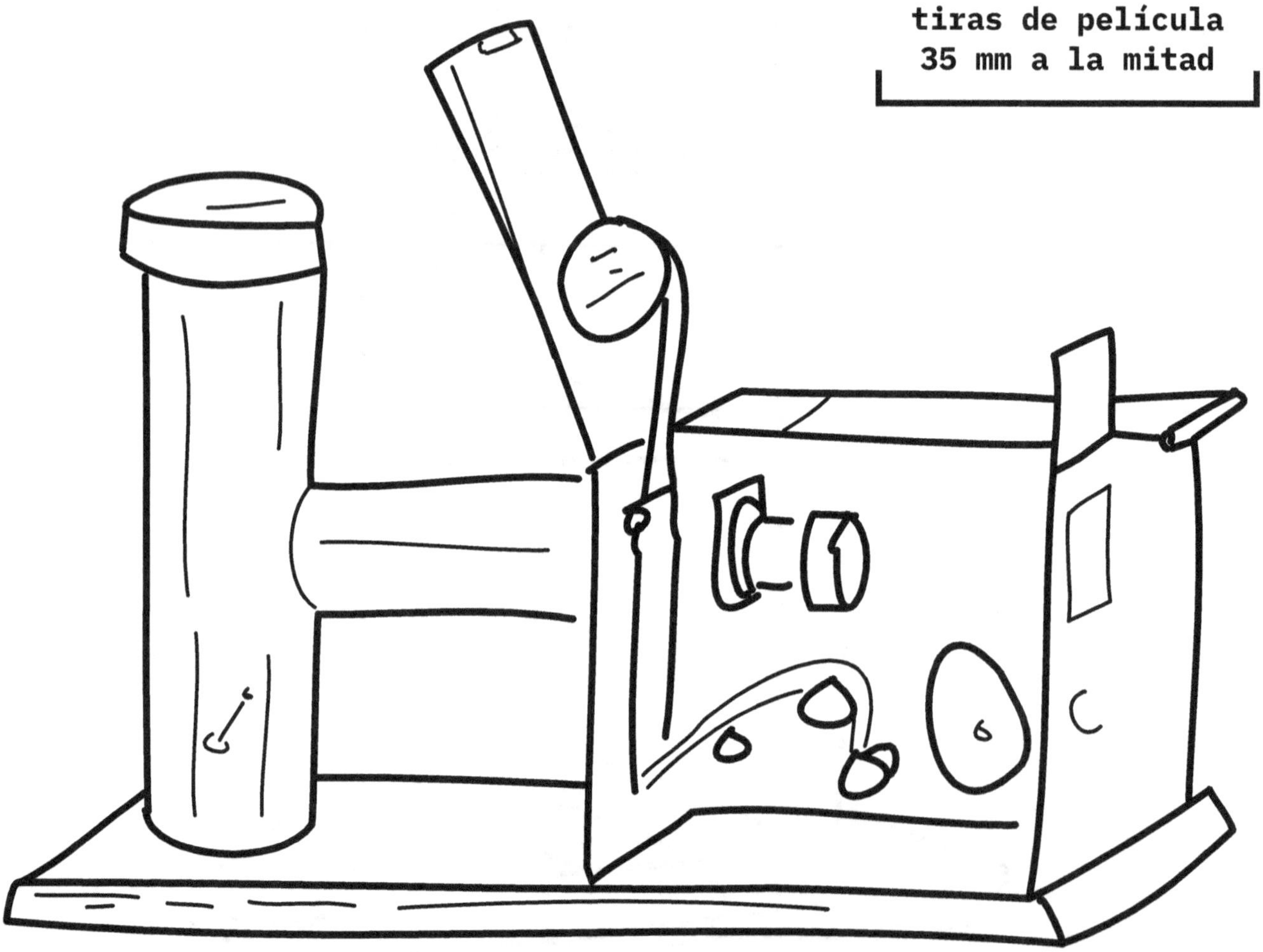

Varios formatos se desarrollaron para usar este tamaño, ocho tipos diferentes de celuloide: Birtac, Biokam, Hughes, Gaumont, Clou, Duoscope, Movette y Pathé Rural

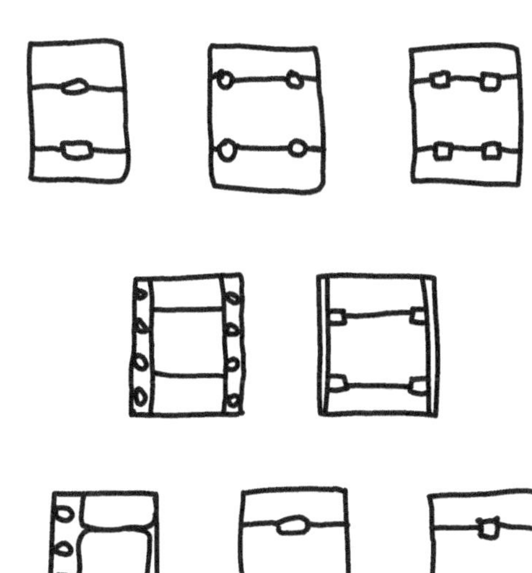

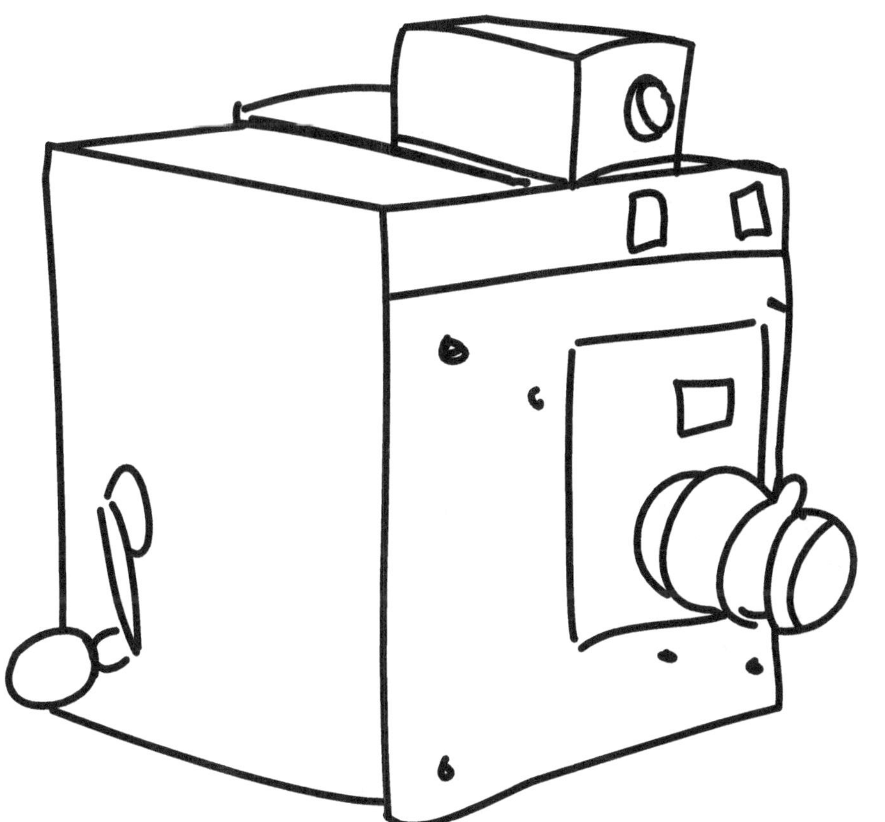

Este formato se usó por primera vez con la Birtac, un dispositivo que combinaba proyector y cámara

Kinetoscopio hogareño

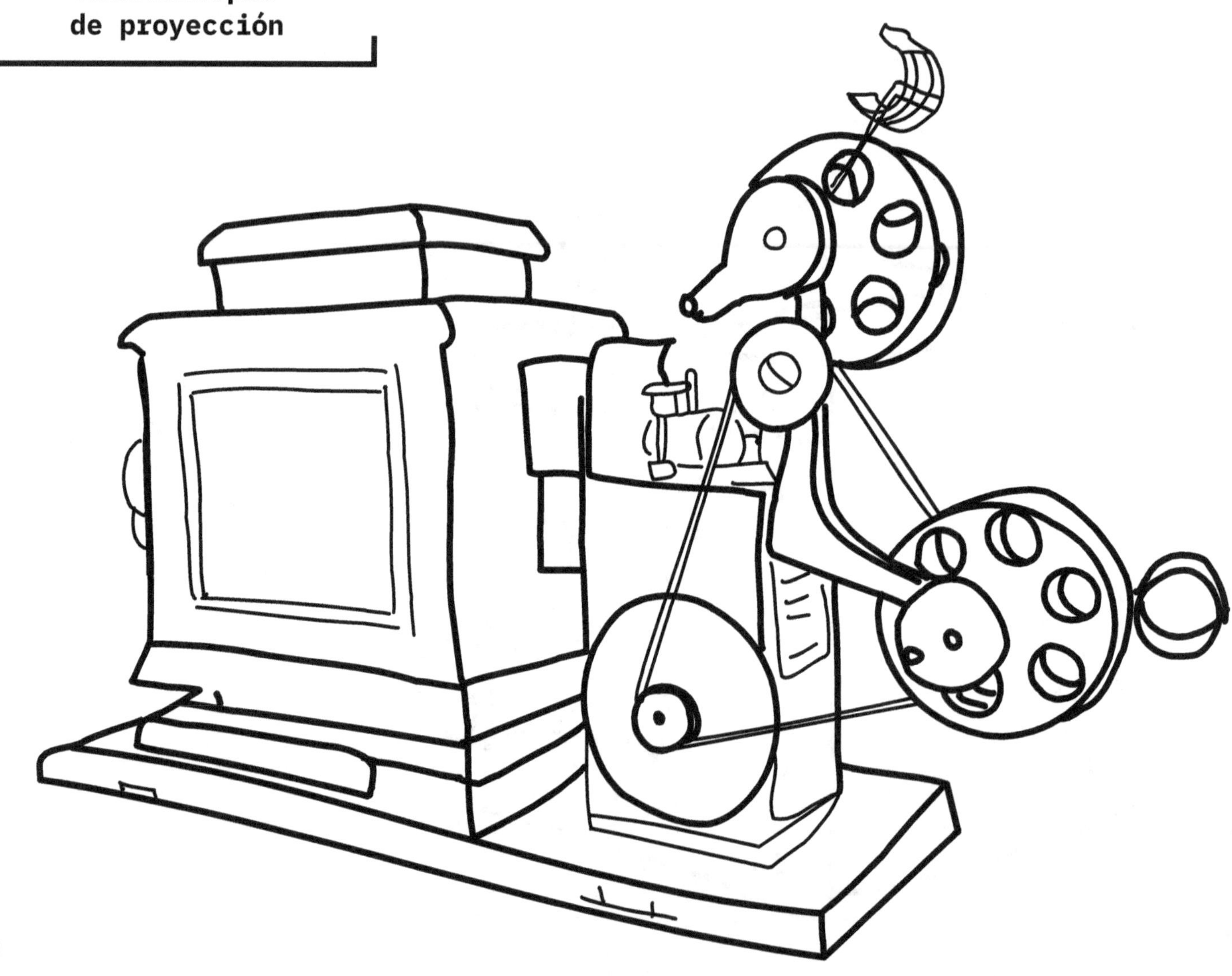

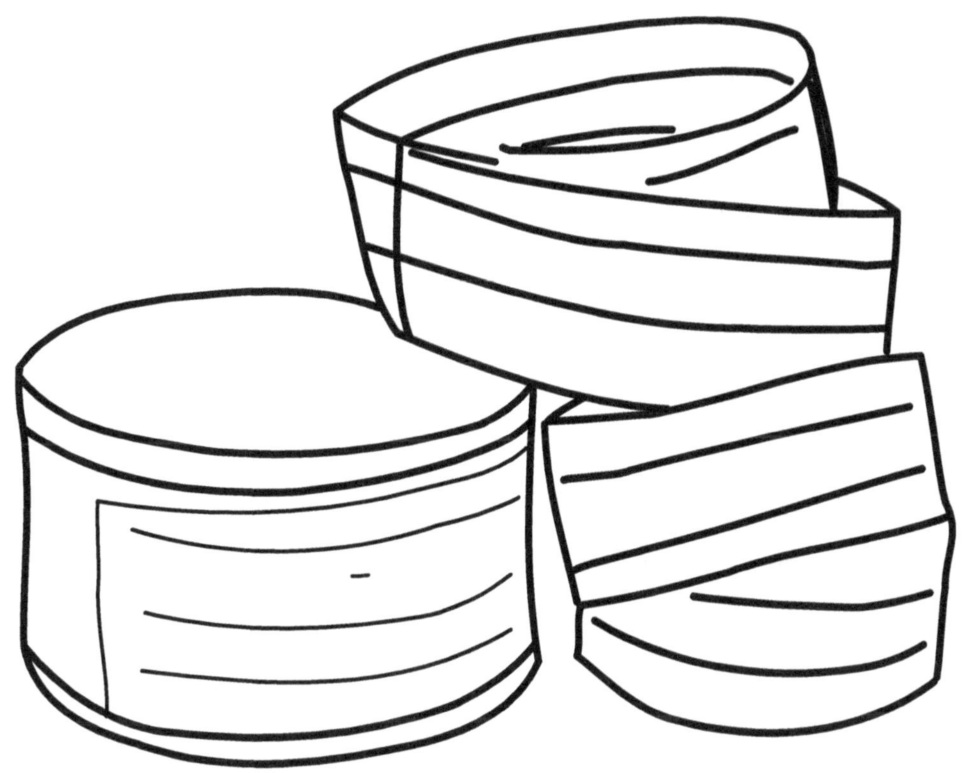

Dato curioso
Este formato
era un
dispositivo
de proyección,
y una cámara
dedicada nunca
fue creada

Dato curioso
Este formato
consistía en
tres filas de
imágenes separadas
por dos filas de
perforaciones

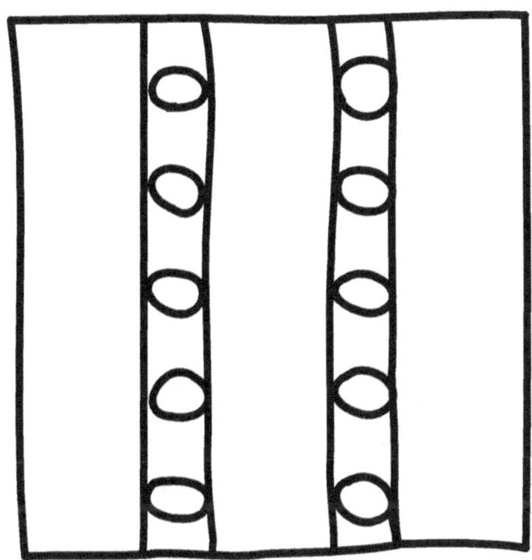

Dato curioso
Para las tres
tiras de película,
una columna de
imágenes se inclinó
hacia adelante,
la fila del medio
hacia atrás y la
tercera fila hacia
adelante nuevamente

Película de 28mm

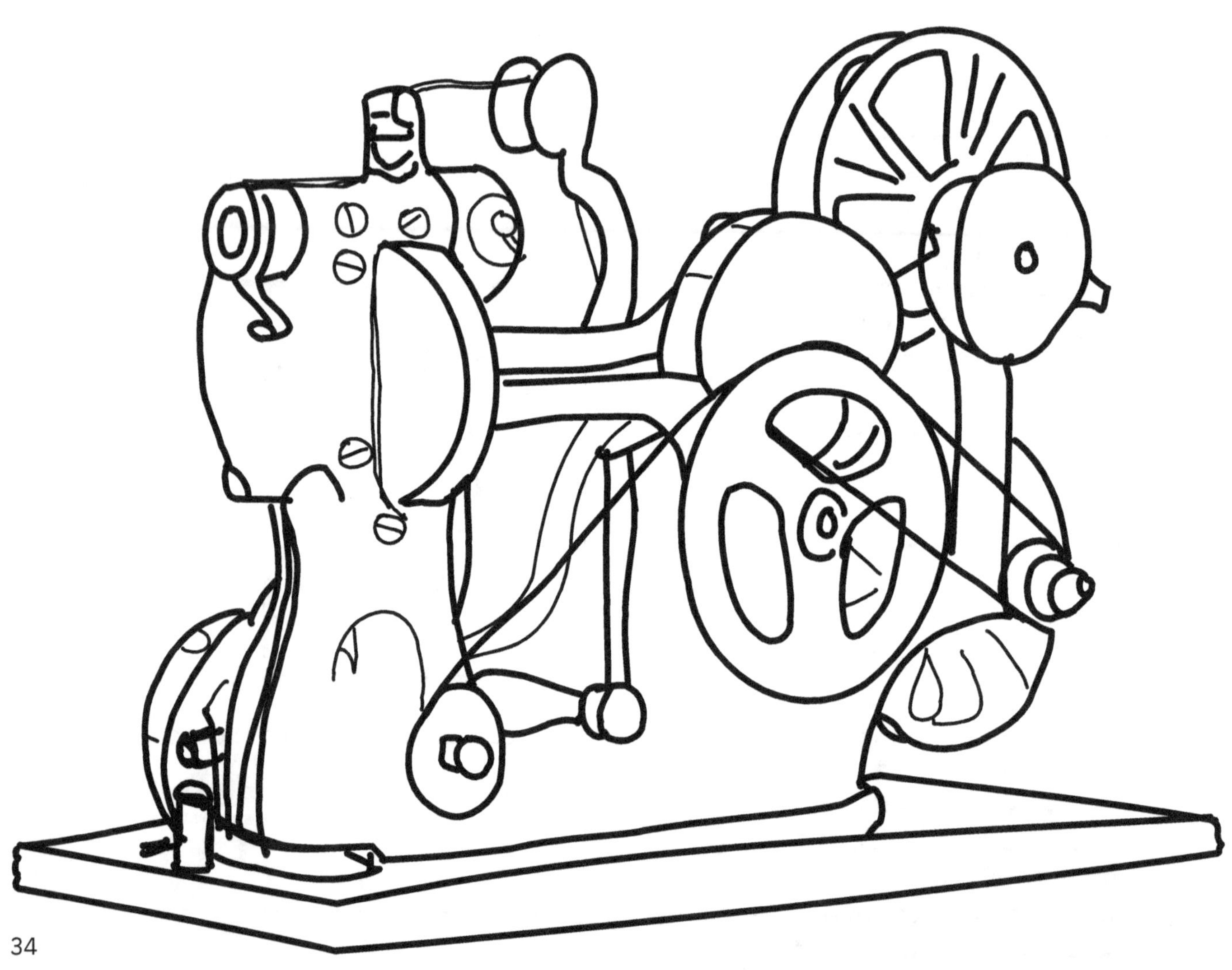

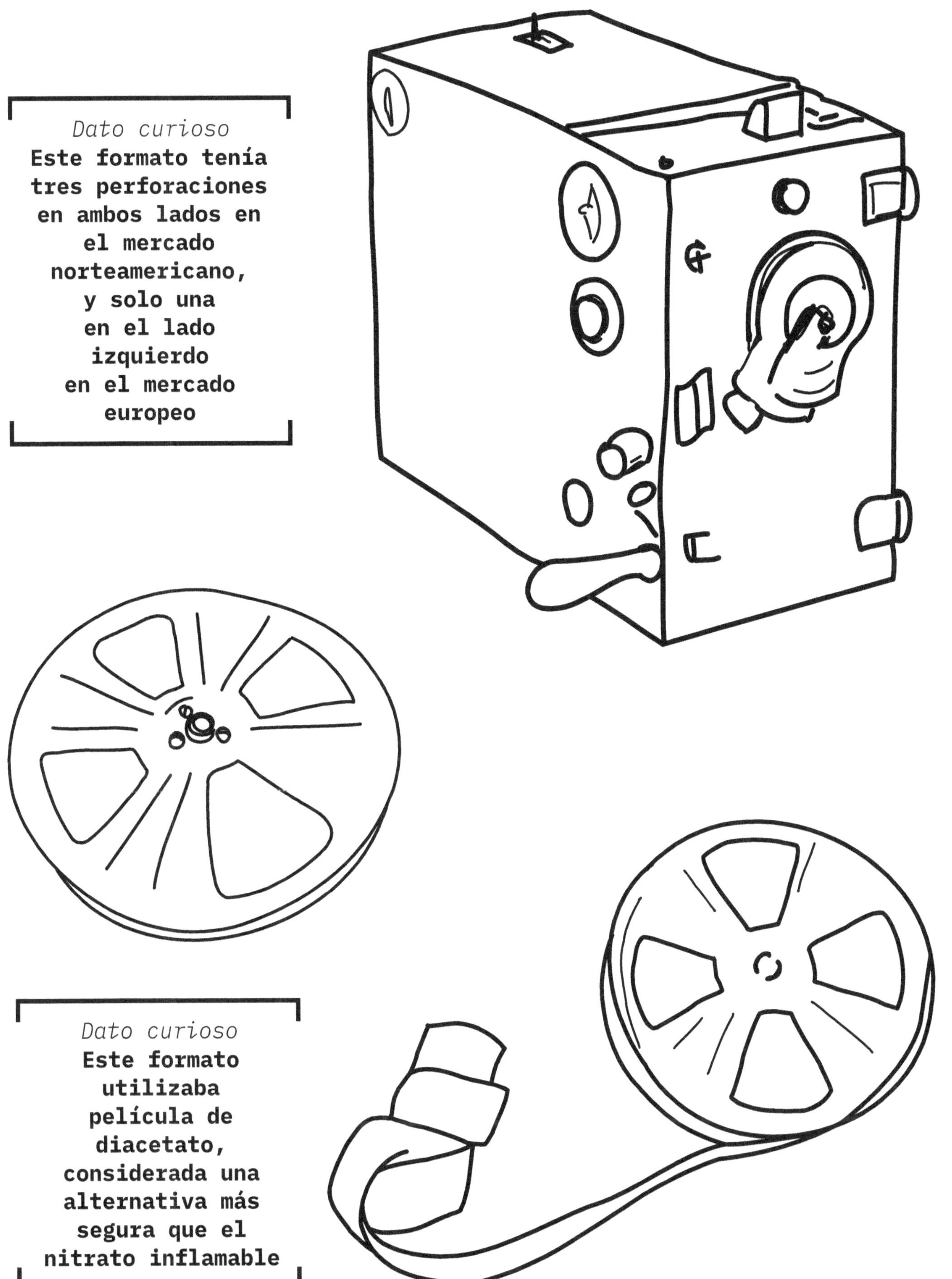

Dato curioso
Este formato tenía
tres perforaciones
en ambos lados en
el mercado
norteamericano,
y solo una
en el lado
izquierdo
en el mercado
europeo

Dato curioso
Este formato
utilizaba
película de
diacetato,
considerada una
alternativa más
segura que el
nitrato inflamable

Película de 9,5mm

Desarrollado por
Pathé

Ratio de aspecto
1.31:1

También conocido como
Pathé Baby

Dato curioso
Este formato fue popular en los mercados europeos

Dato curioso
Este formato tenía una sola perforación en el medio de la tira de película, entre los fotogramas

Dato curioso
Este formato se utilizó para películas comerciales y hogareñas

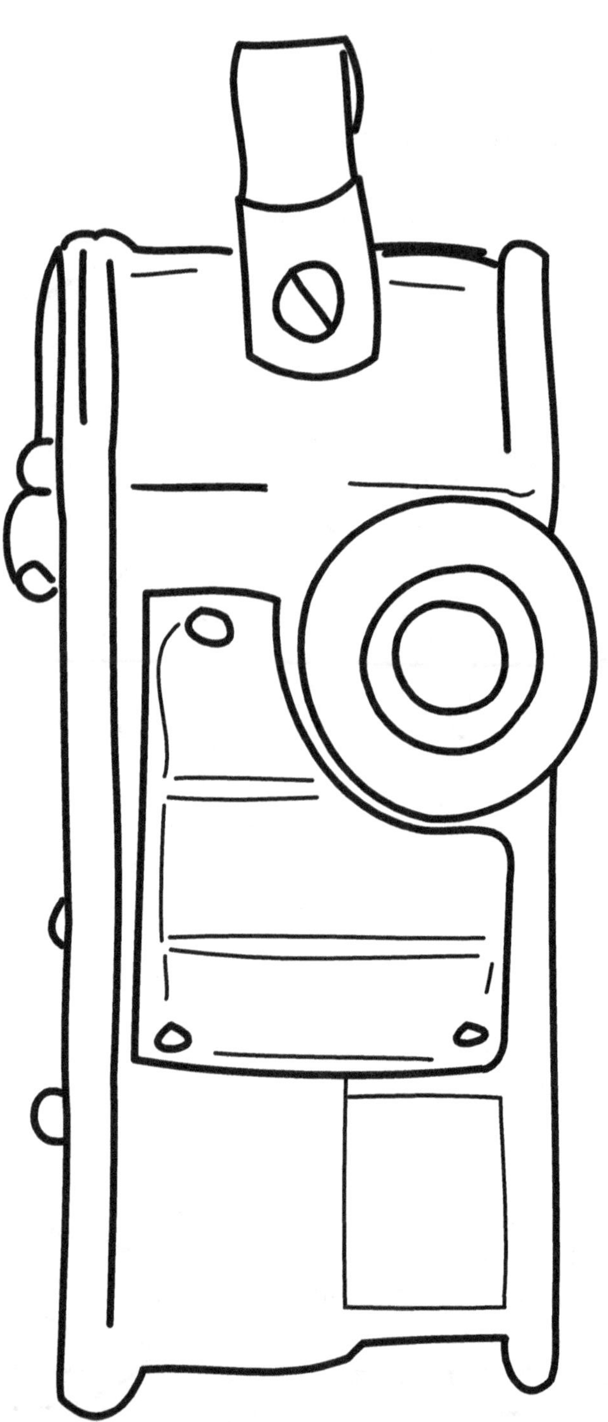

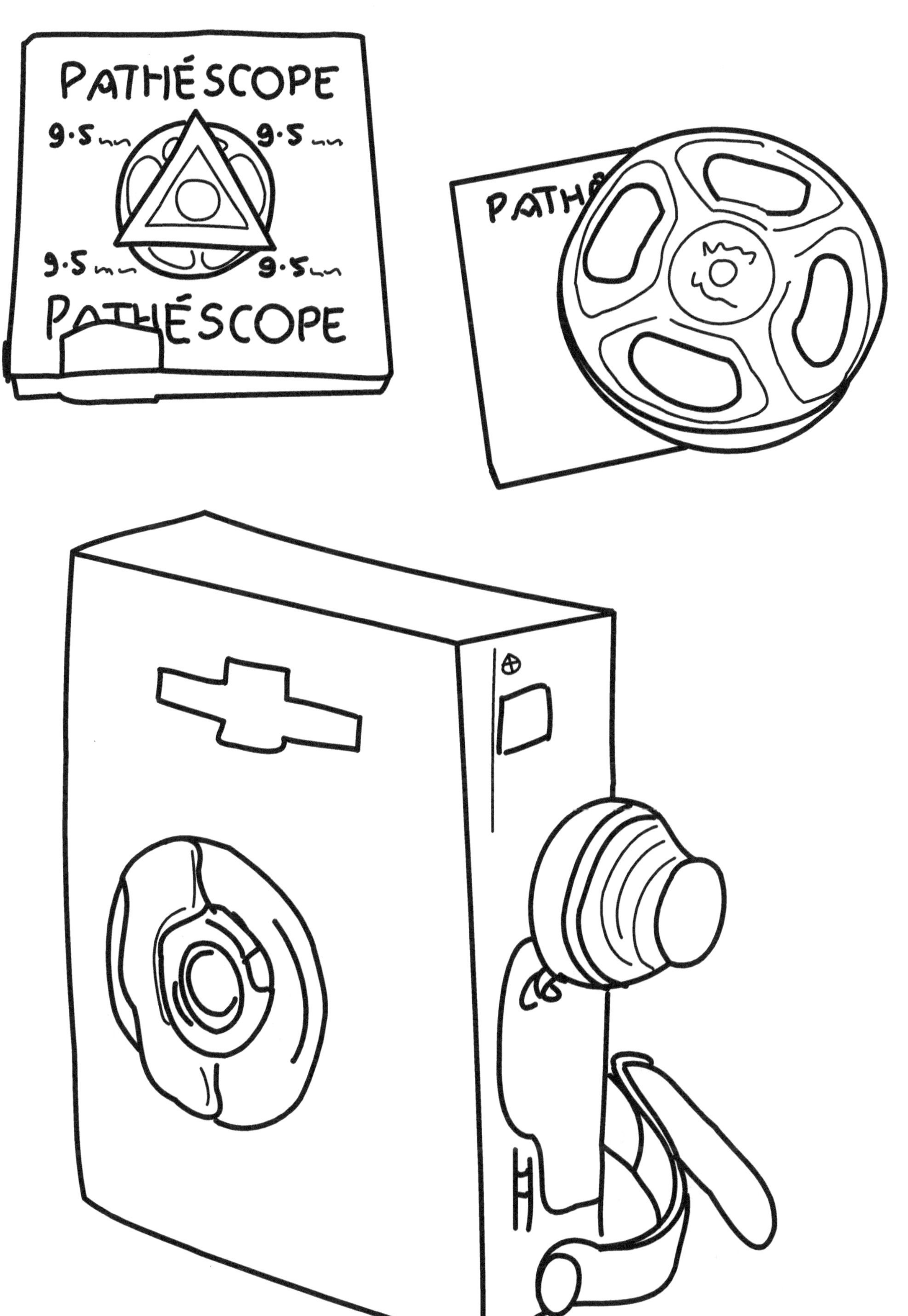

PATHÉSCOPE
9.5 mm   9.5 mm
9.5 mm   9.5 mm
PATHÉSCOPE
PATHÉ

Película de 16mm

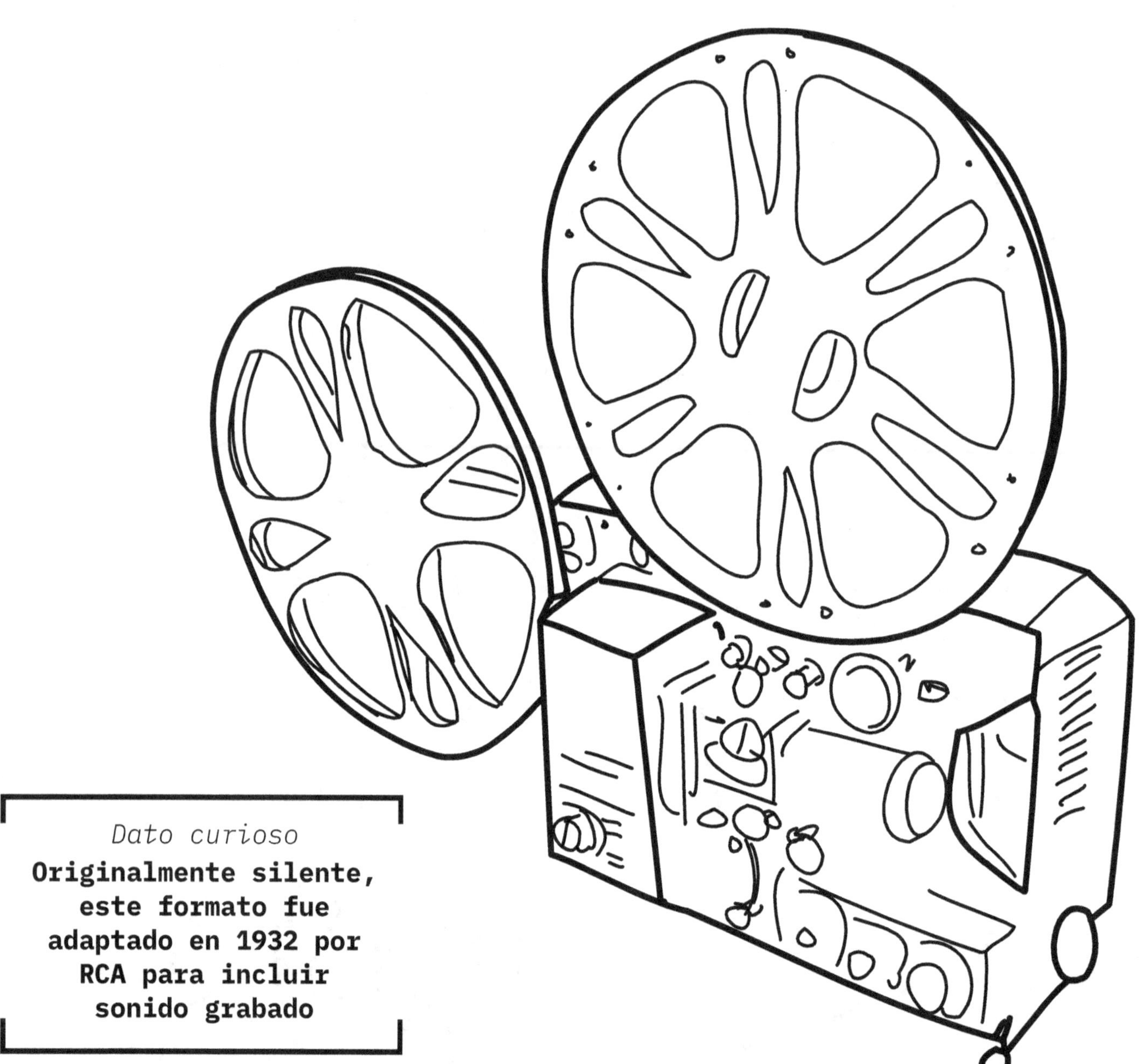

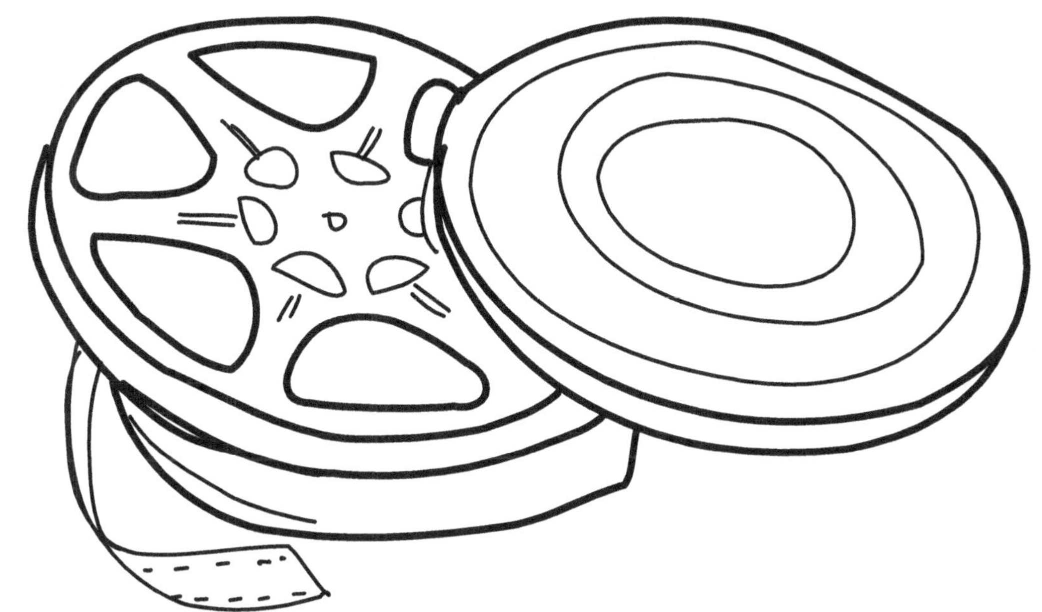

Dato curioso
Este formato
podía tener
perforaciones
en ambos lados
o solo en
uno, este
último dejando
espacio para
una pista
de sonido

Dato curioso
Este era un
formato común
para películas
hogareñas,
grabación para
televisión
y los sectores
educativo e
industrial

Movietone

Tamaño
35mm

Ratio de aspecto
1.16:1

Era
**1926–década
de 1930**

Desarrollado por
Fox

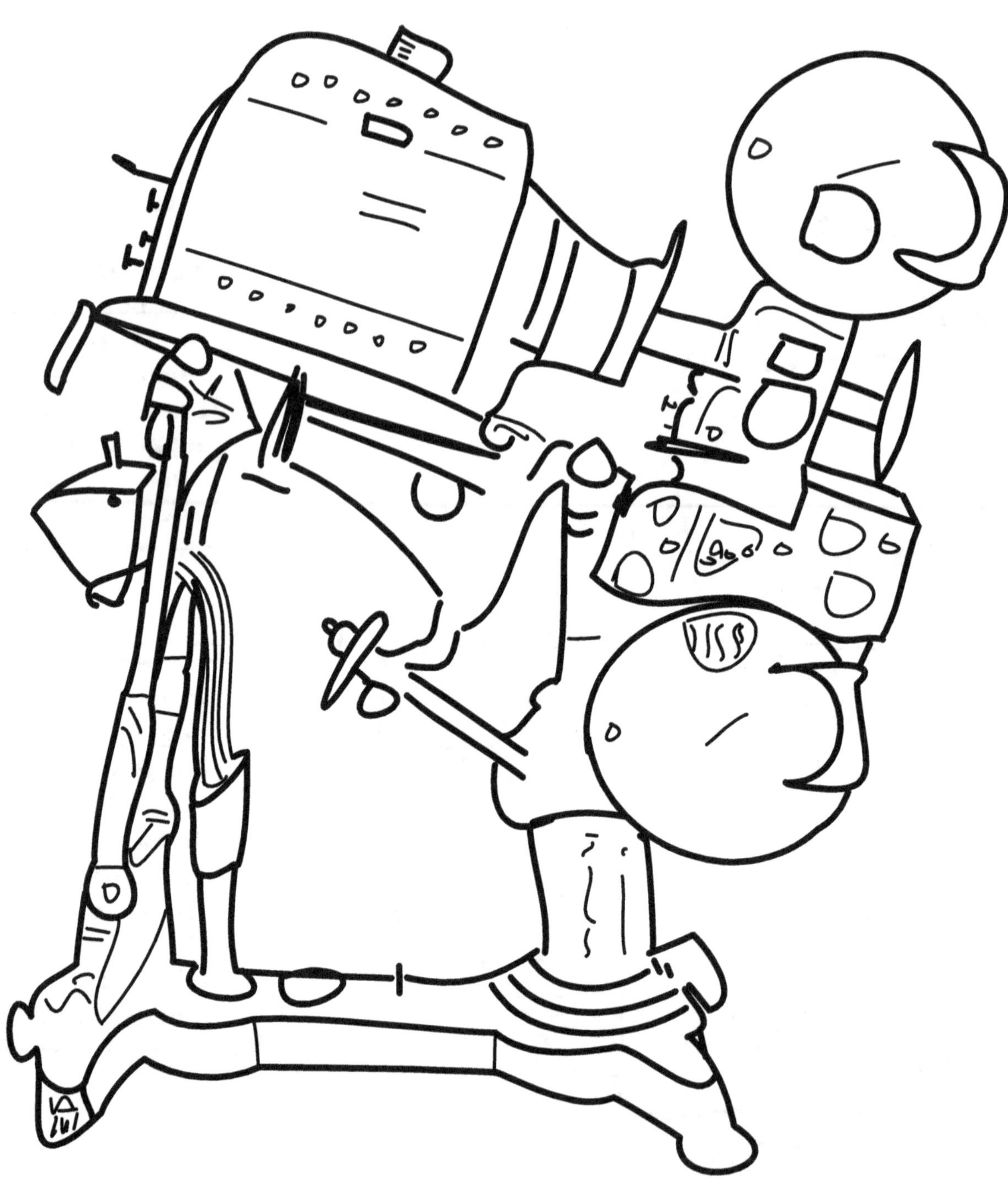

Dato curioso
Este formato se
usó para noticieros
y algunas películas

Dato curioso
Este formato tenía su
propia relación de
aspecto para acomodar
la banda sonora
impresa adicional;
otros formatos
utilizaron
relaciones de
aspecto silentes
(1,33: 1) o
academia (1,375: 1)

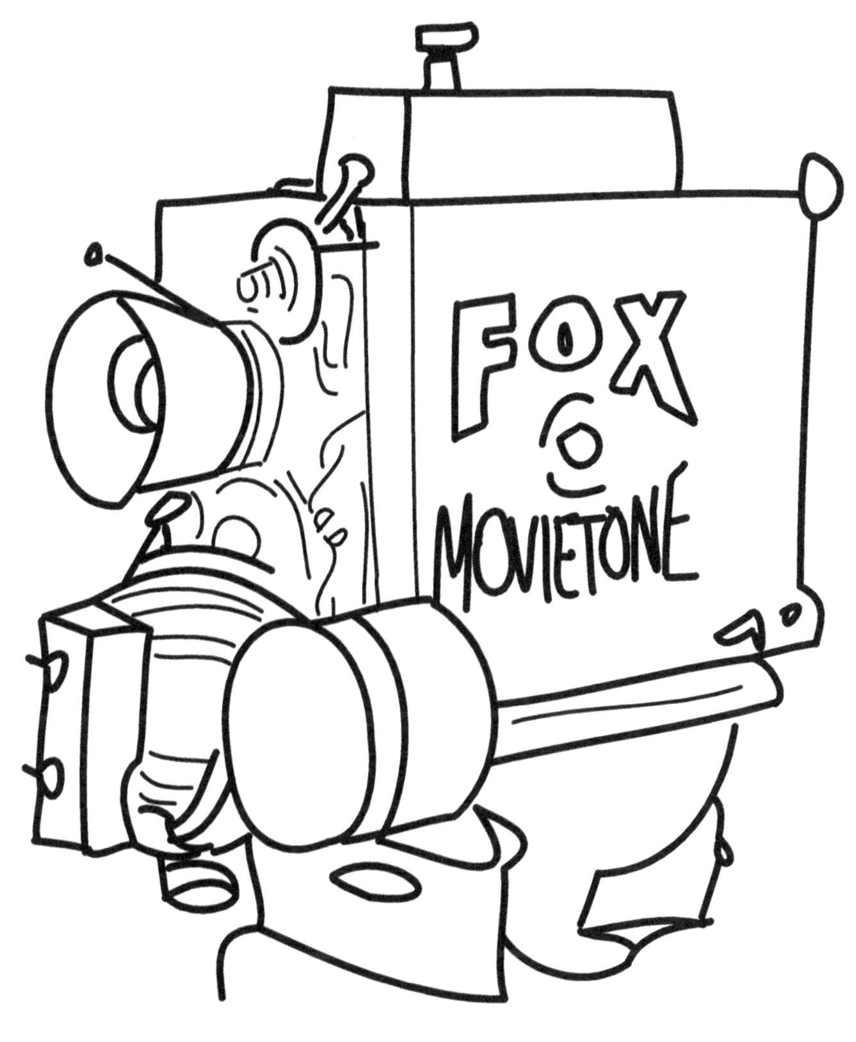

FOX
MOVIETONE

Dato curioso
Esta fue una de las cuatro
tecnologías de sonido en
desarrollo durante la década
de 1920; las otras fueron
DeForest Phonofilm,
Vitaphone de Warner
Brothers y RCA Photophone

Polivisón

Desarrollado por	Era	Tamaño	Ratio de aspecto
Abel Gance	**1927**	**35mm × 3**	**4:1**

Dato curioso
**Este formato tenía una plataforma
de tres cámaras que permitía que tres
cámaras filmaran una sola escena en panorama**

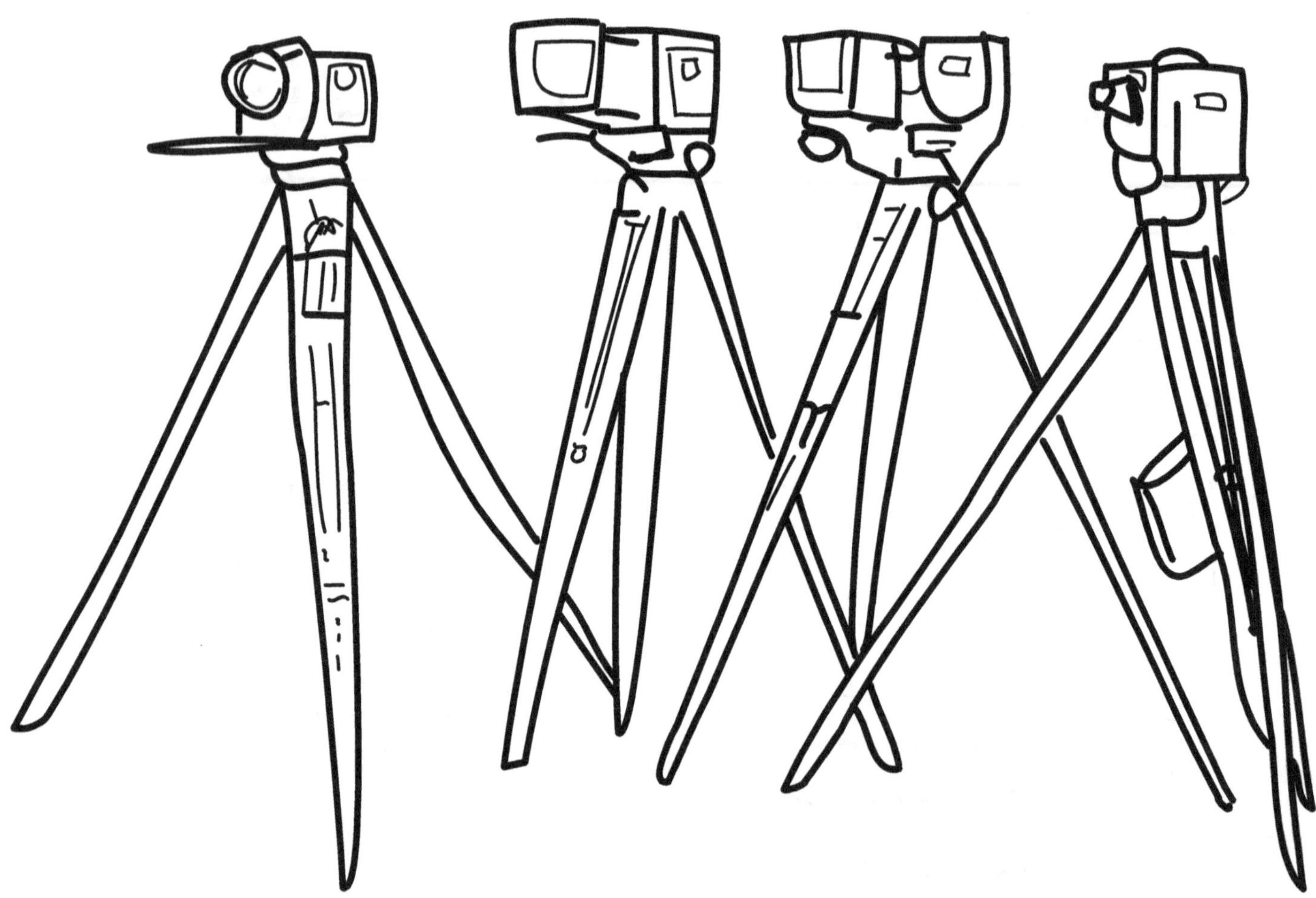

Dato curioso
Este formato se
utilizó en la
producción de
una única
película,
Napoleón de
Abel Gance (1927)

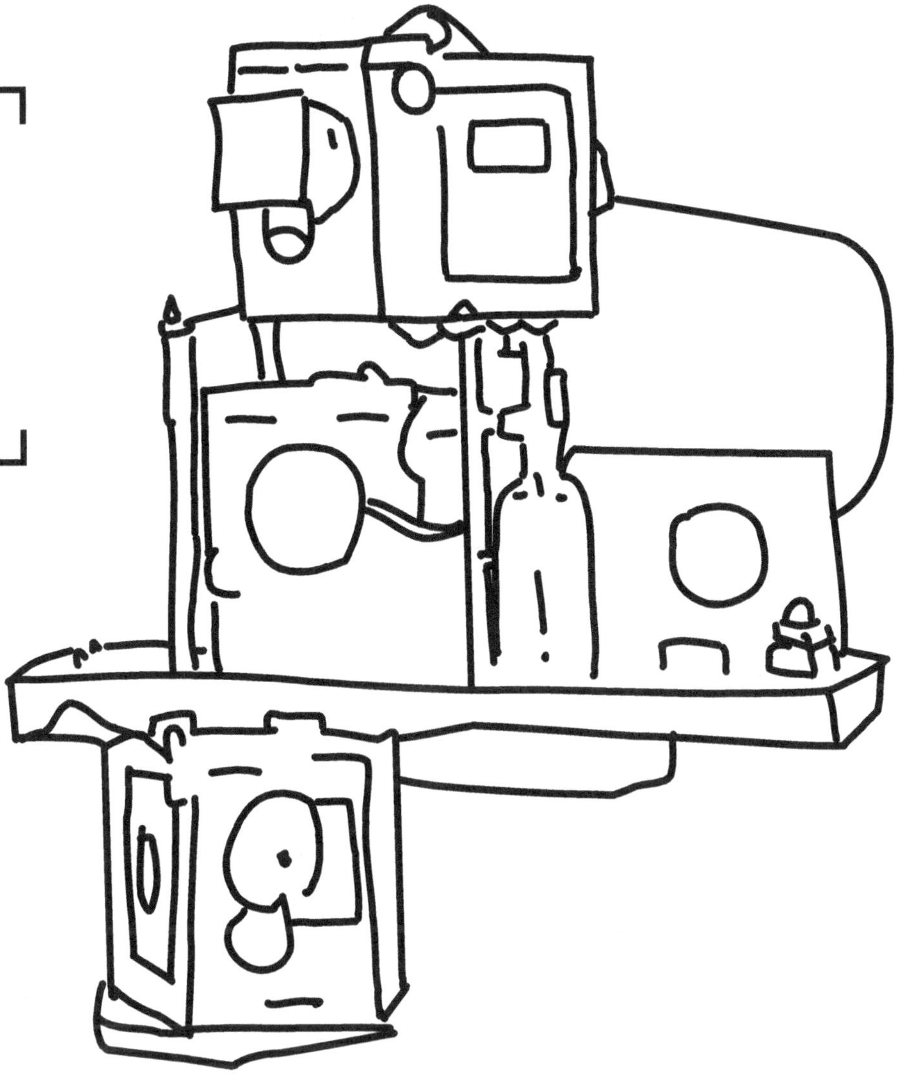

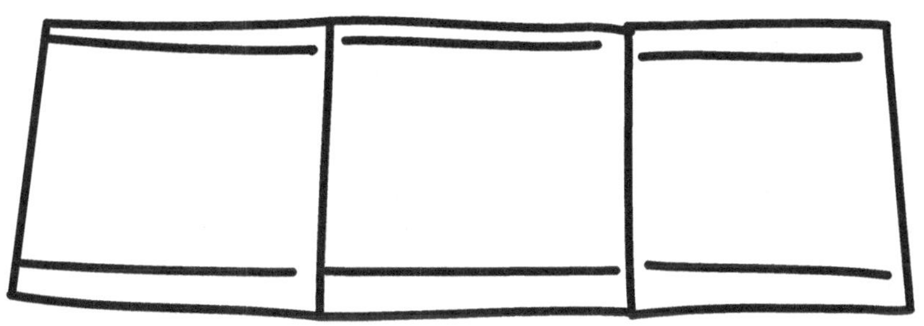

Dato curioso
Este formato
requería tres
proyectores
apilados
verticalmente y
tres pantallas
adyacentes para
mostrar la relación
de aspecto 4:1

Fox Grandeur

Formato
analógico

Era
1928–1931

Desarrollado por
Fox Film Corporation

Tamaño
70mm

Ratio de aspecto
2:1

También conocido como
**Grandeur 70,
película Grandeur
de 70 mm**

Dato curioso
**Este formato fue exitoso hasta el
advenimiento de la Gran Depresión,
luego de la cual no recibió la
financiación adecuada**

Dato curioso
**Este formato utilizó
la tecnología de
sonido en película
de Movietone**

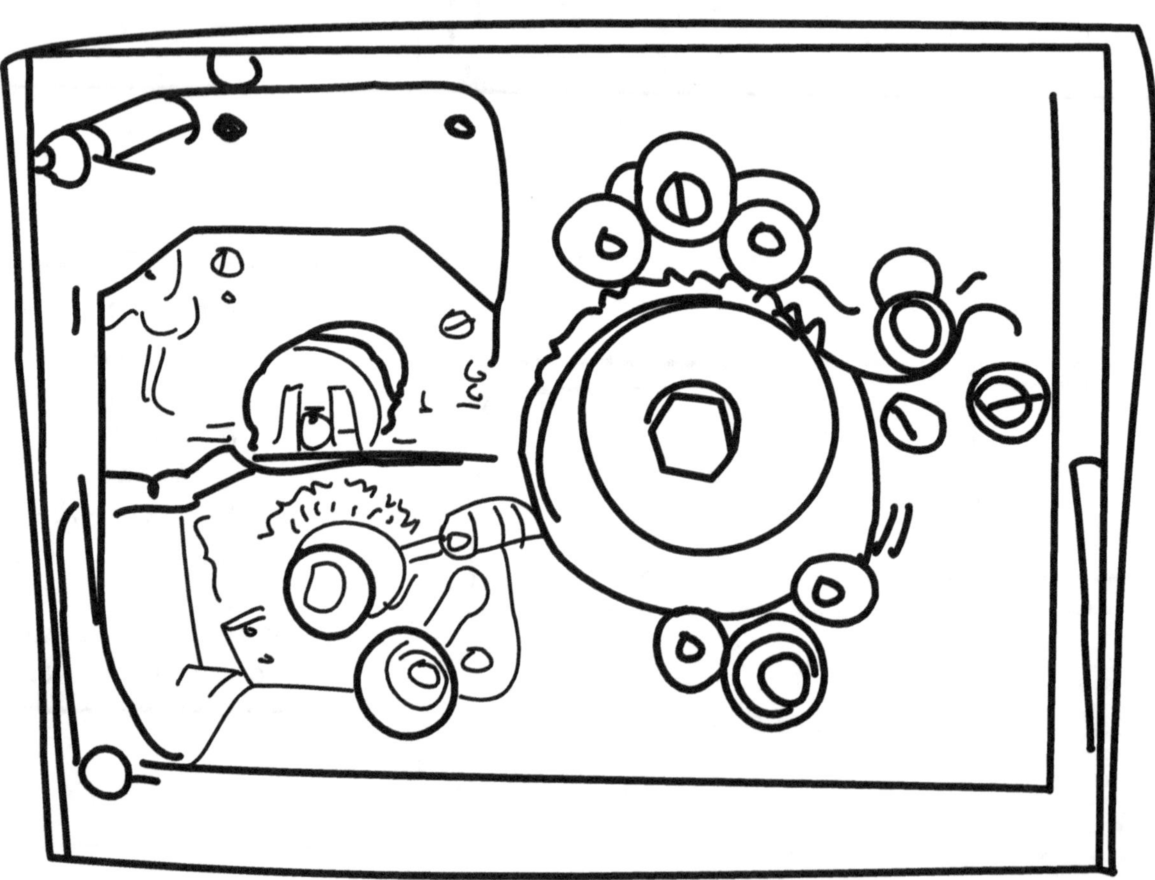

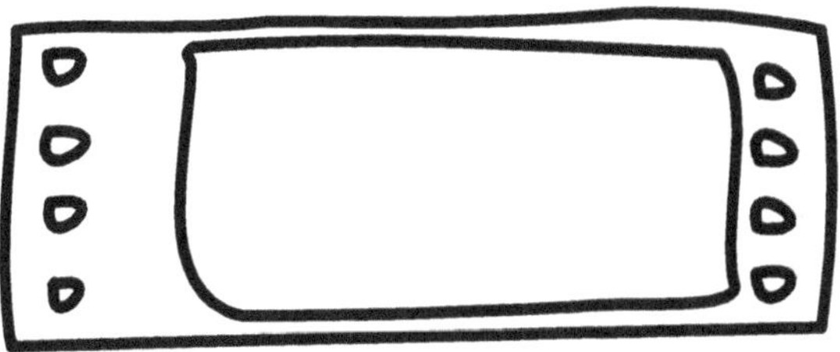

Dato curioso
Este formato no usaba el
tamaño de perforación estándar
de 35 mm; como la película
misma, las perforaciones
eran más grandes

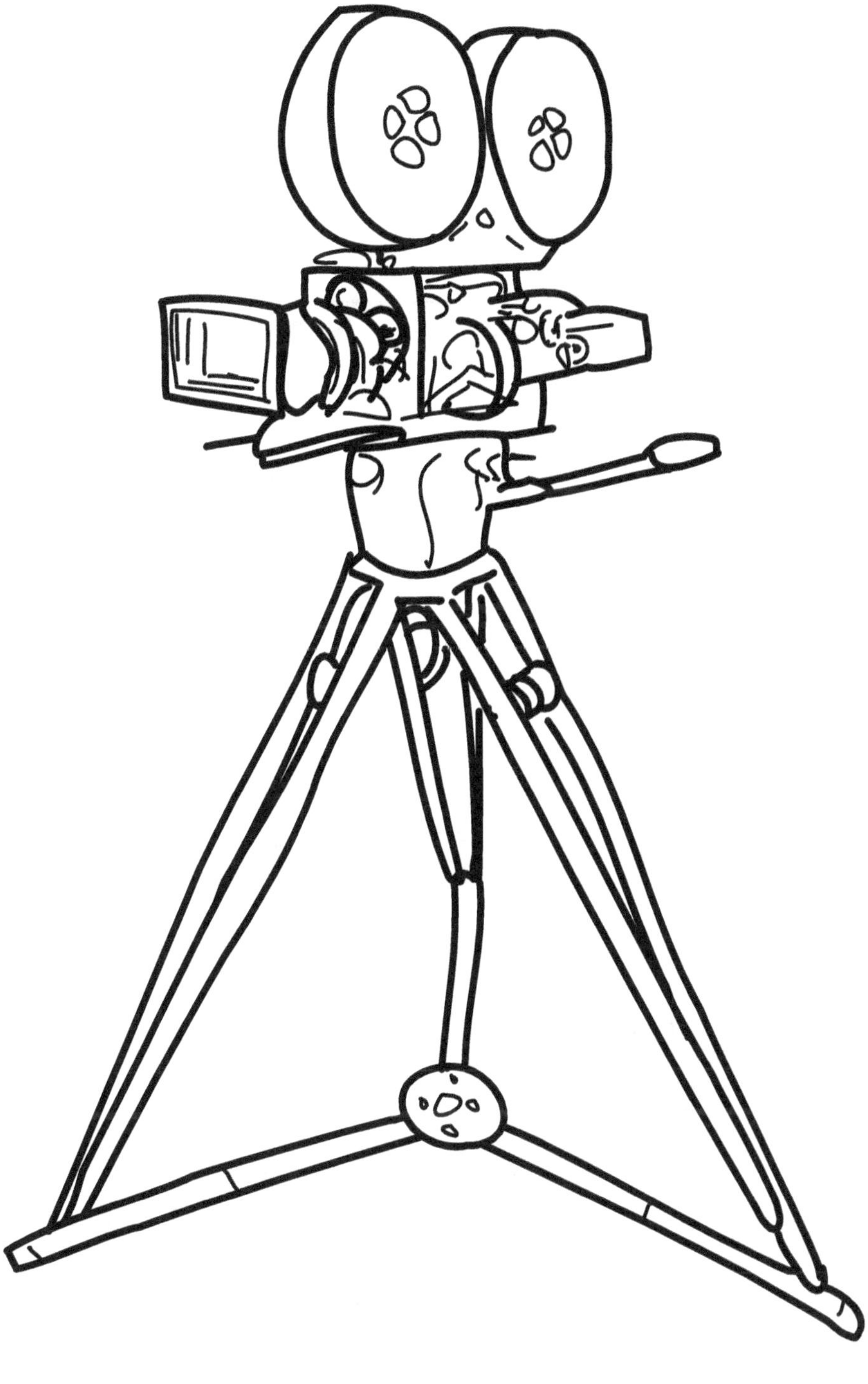

Película de 35mm (Sonido)

Formato
analógico/digital

Ratio de aspecto
1.375:1

También conocido como
Academy

Developed by
William Kennedy Dickson
& Thomas Edison
(Edison Company)

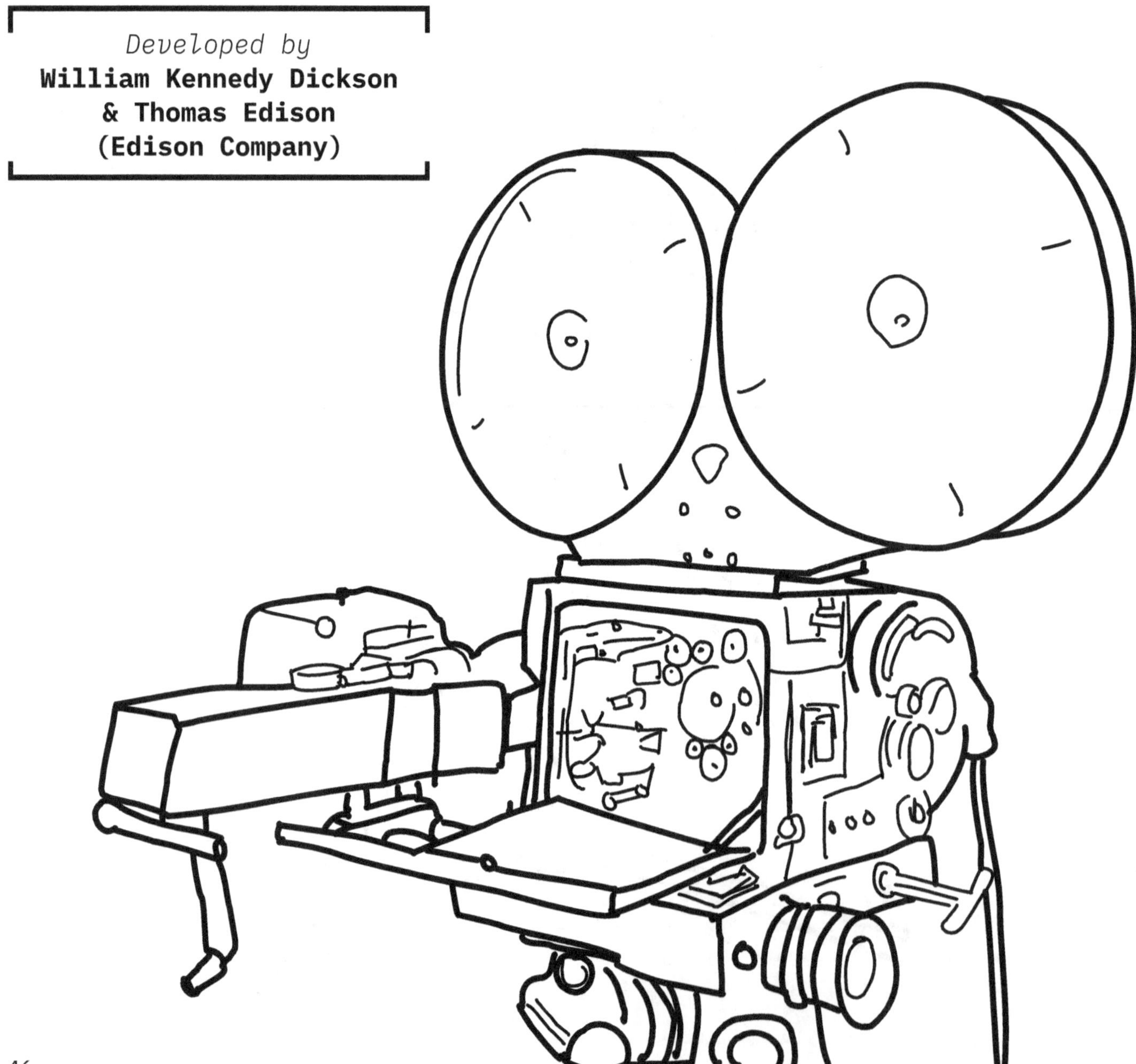

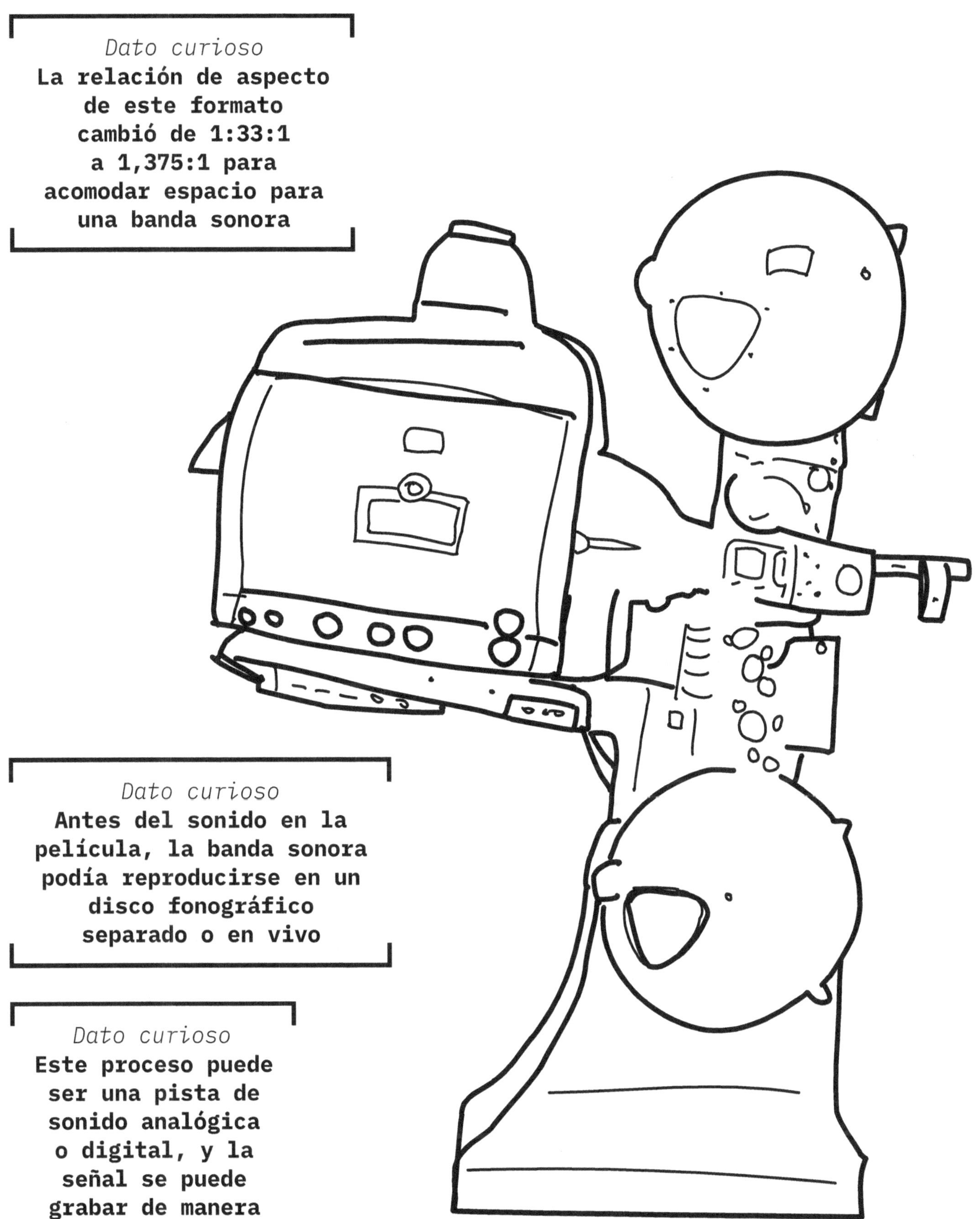
Dato curioso
La relación de aspecto
de este formato
cambió de 1:33:1
a 1,375:1 para
acomodar espacio para
una banda sonora

Dato curioso
Antes del sonido en la
película, la banda sonora
podía reproducirse en un
disco fonográfico
separado o en vivo

Dato curioso
Este proceso puede
ser una pista de
sonido analógica
o digital, y la
señal se puede
grabar de manera
óptica o magnética

Hypergonar

Desarrollado por
Henri Chrétien

Tamaño
35mm

Ratio de aspecto
2.66:1

Era
1929–

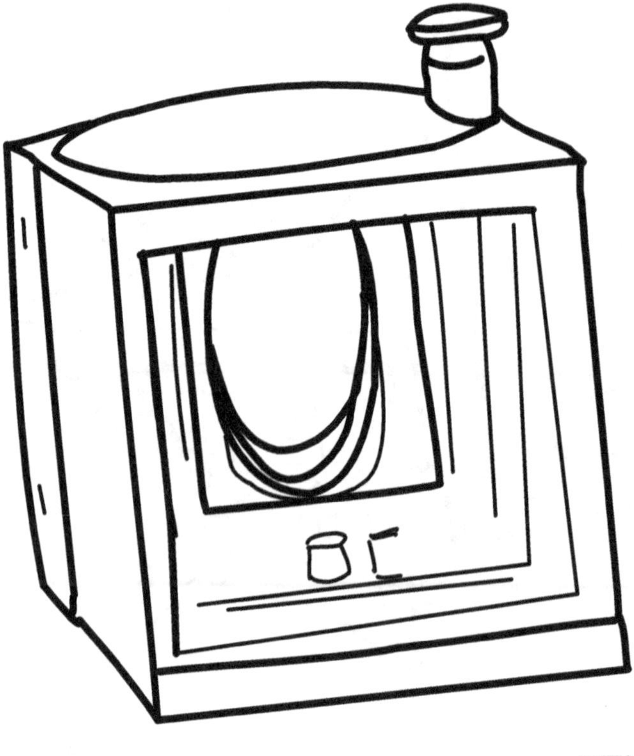

También conocido como
Anamorfoscopio

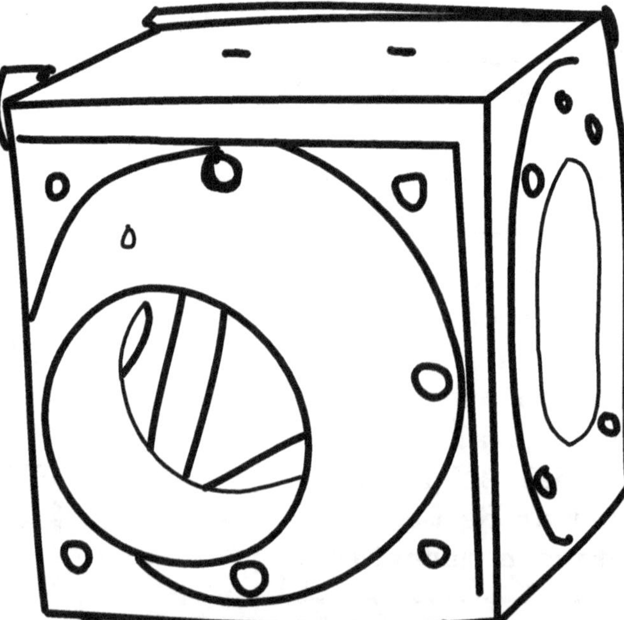

Dato curioso
Esta tecnología de lentes influiría en muchos formatos anamórficos populares en la década de 1950

Dato curioso
Este fue el primer
formato anamórfico,
que comprimía la
imagen de pantalla
ancha en un cuadro con
un ancho más corto

Dato curioso
Las lentes para este proceso
fueron desarrolladas por Henri
Chrétien durante la Primera
Guerra Mundial para proporcionar
un visor de gran angular
para tanques militares

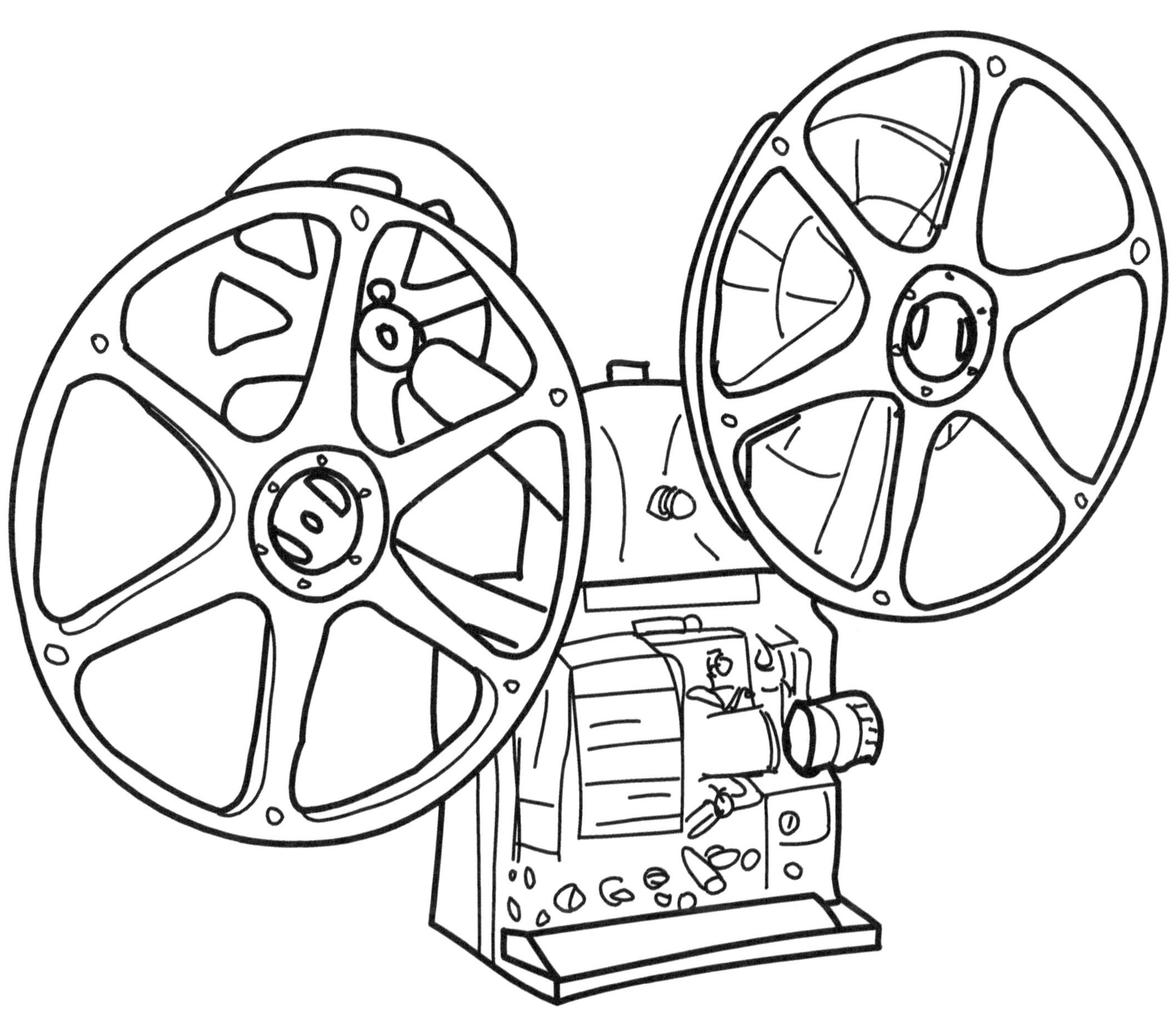

Película de 8mm

Desarrollado por
Eastman Kodak

Tamaño
8mm

Era
1932–

Ratio de aspecto
1.32:1

Dato curioso
Este formato se desarrolló como una alternativa más pequeña y económica a los 16 mm

Formato
analógico

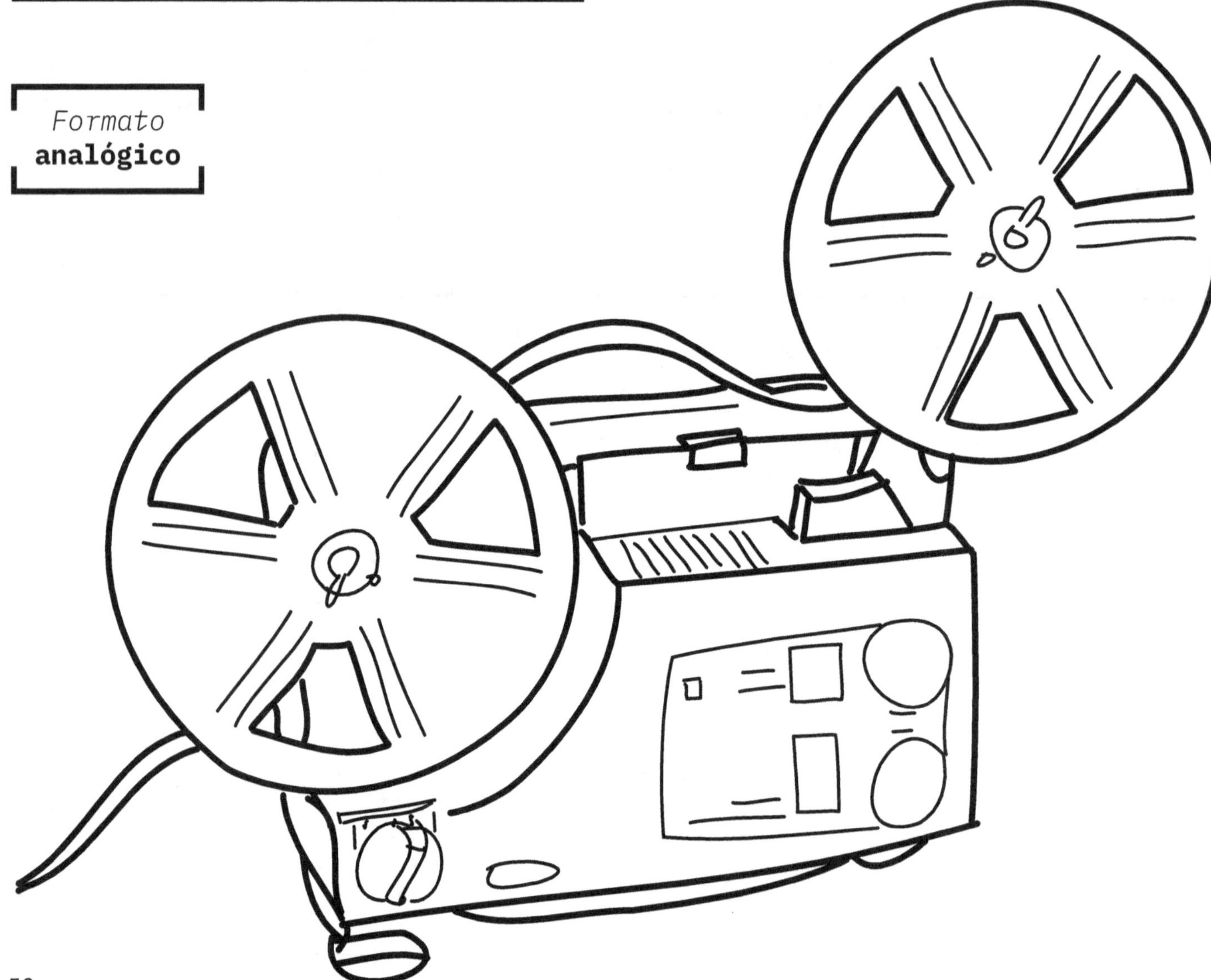

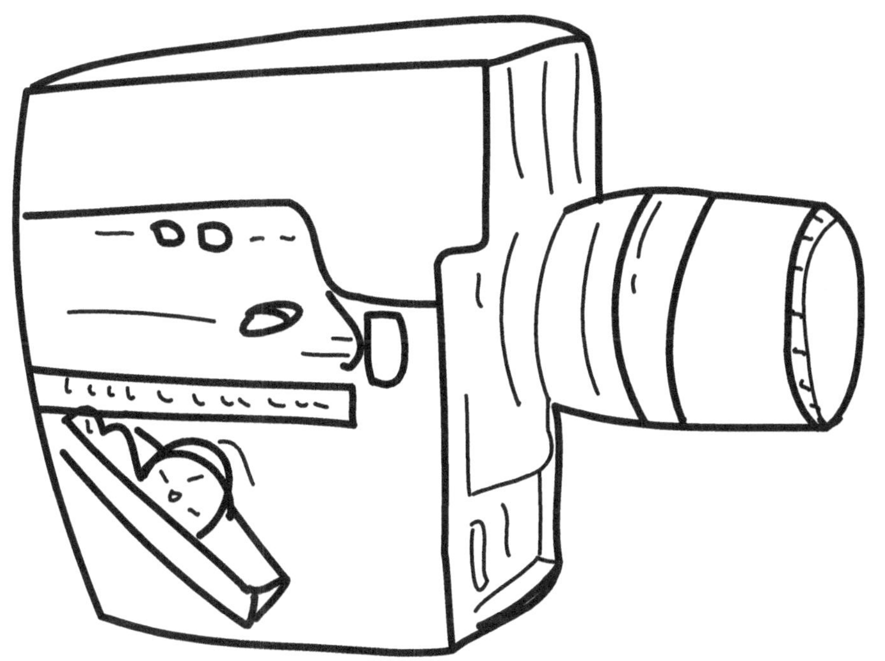

Dato curioso
Este formato fue
diseñado para ser
silente, pero en
la década de 1960
se agregó sonido
a través del Super 8,
Single-8 o agregando
una tira de audio
magnética al borde
del borde no
perforado

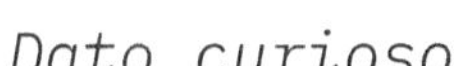

Dato curioso
La película en este
formato corría a 12, 15, 16
o 18 fotogramas por segundo

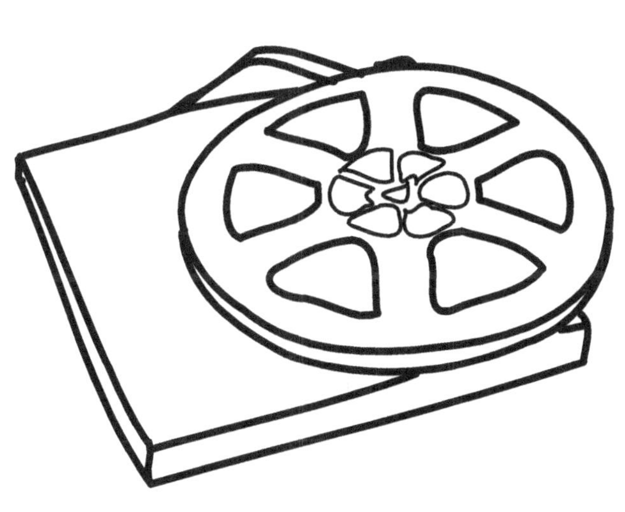

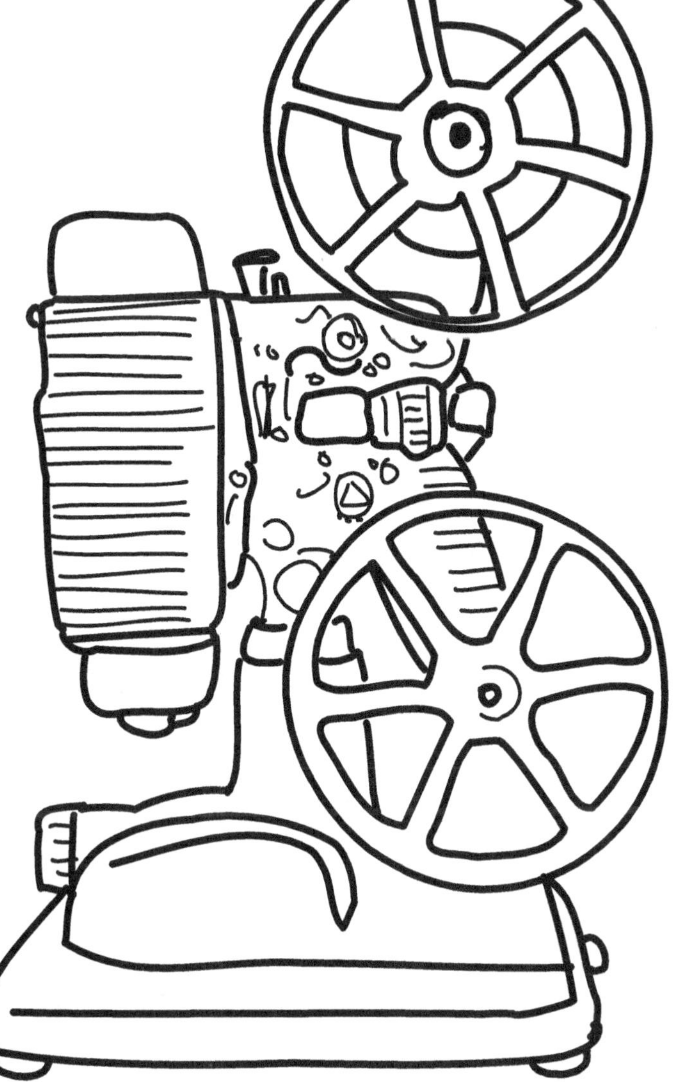

Cinerama

Desarrollado por
Cinerama Corporation

Ratio de aspecto
2.59:1

Dato curioso
Este formato lanzó una edición de pantalla ancha de 70 mm, que no alcanzó popularidad

Era
1952–2020

Tamaño
35mm × 3

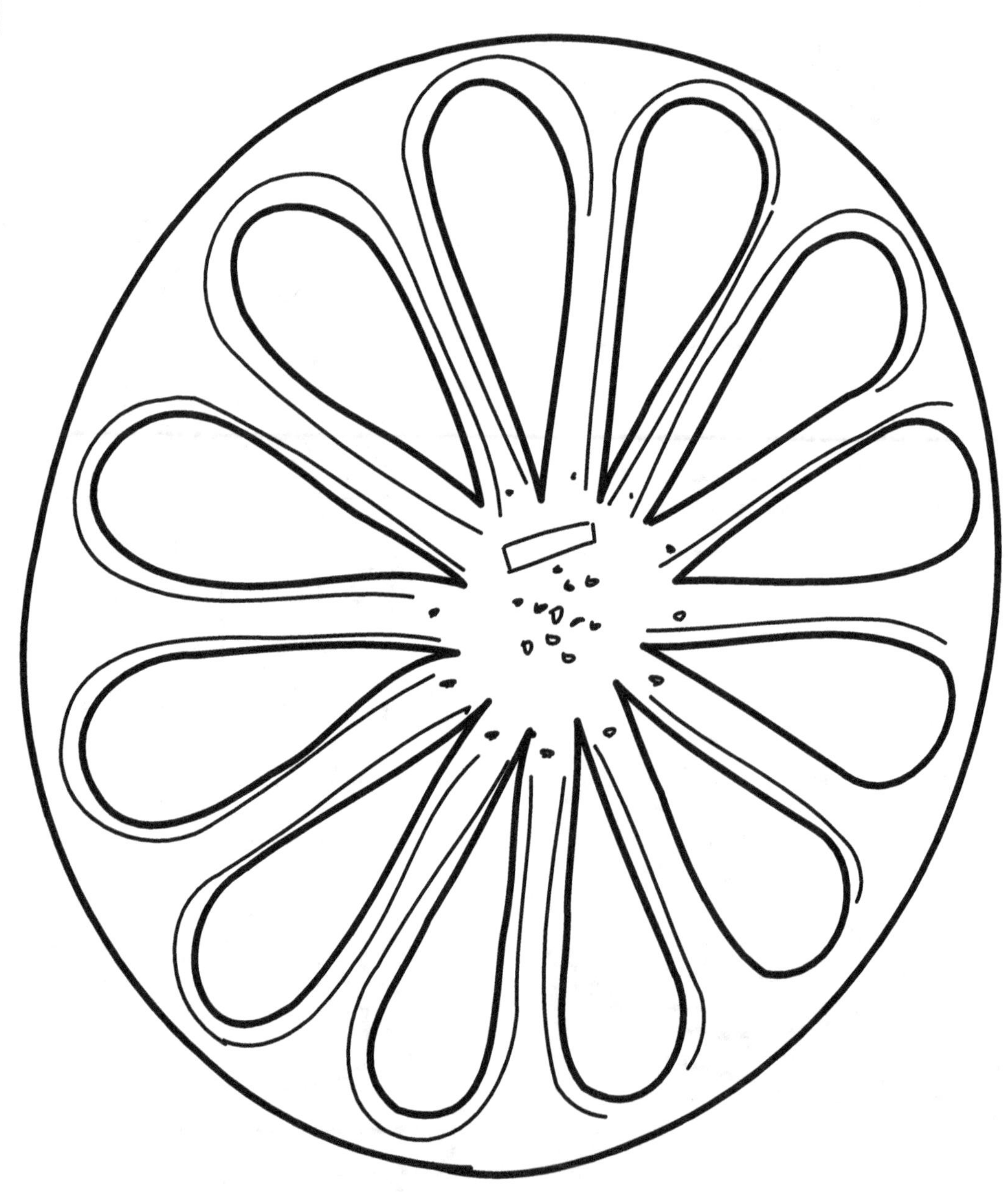

Dato curioso
Este formato presentaba tres
cámaras de 35 mm alineadas
y proyectadas en una pantalla
curva de 146°

Dato curioso
Había otros varios
formatos que hacían lo
mismo: Cinemiracle (1958)
y el Kinopanorama
de la Unión Soviética

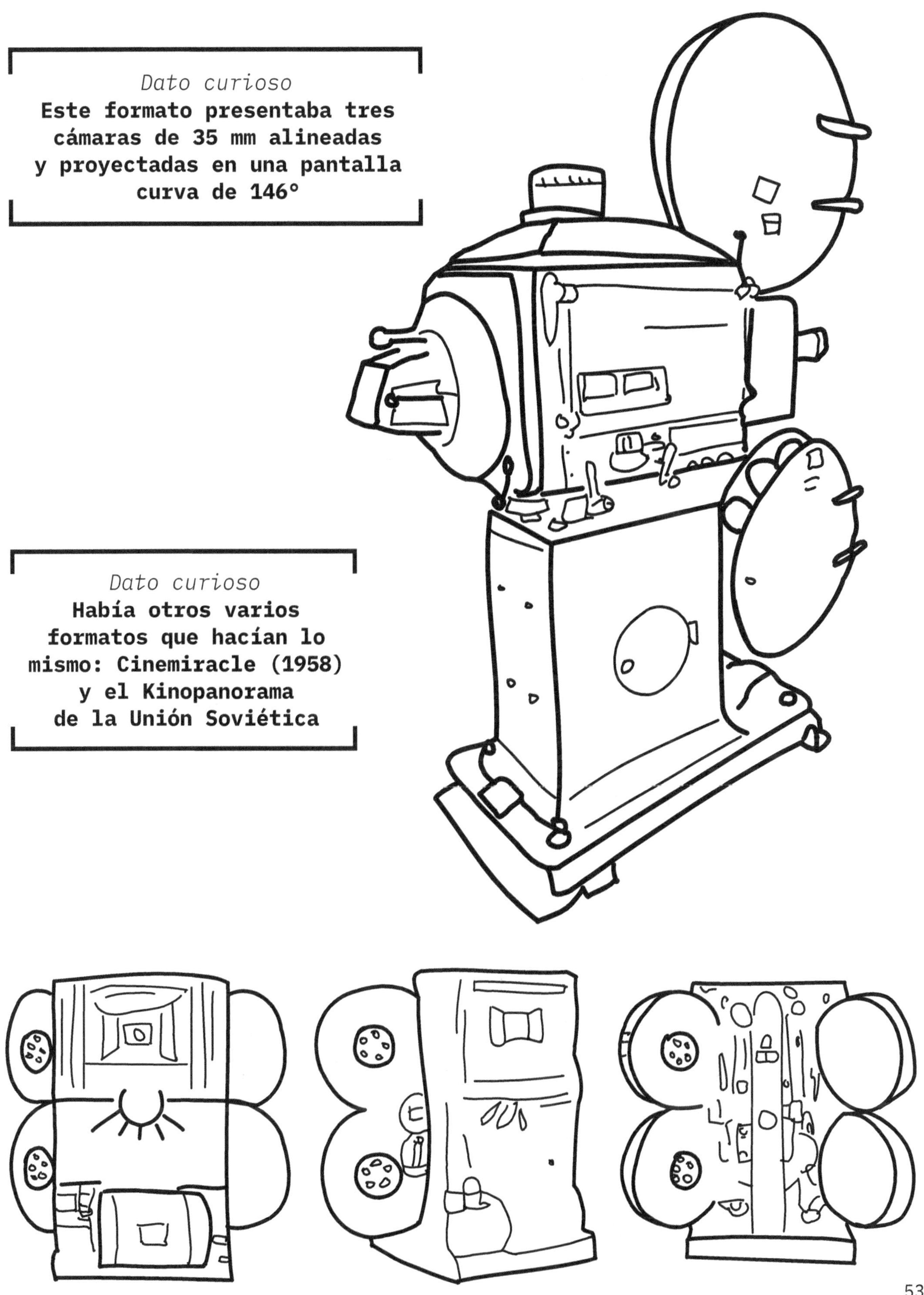

CinemaScope

Era
1953–1967

Tamaño
35mm

Ratio de aspecto
2.35:1, 2.55:1

Dato curioso
Este formato tenía una gama de posibles relaciones de aspecto

Desarrollado por
Twentieth Century Fox

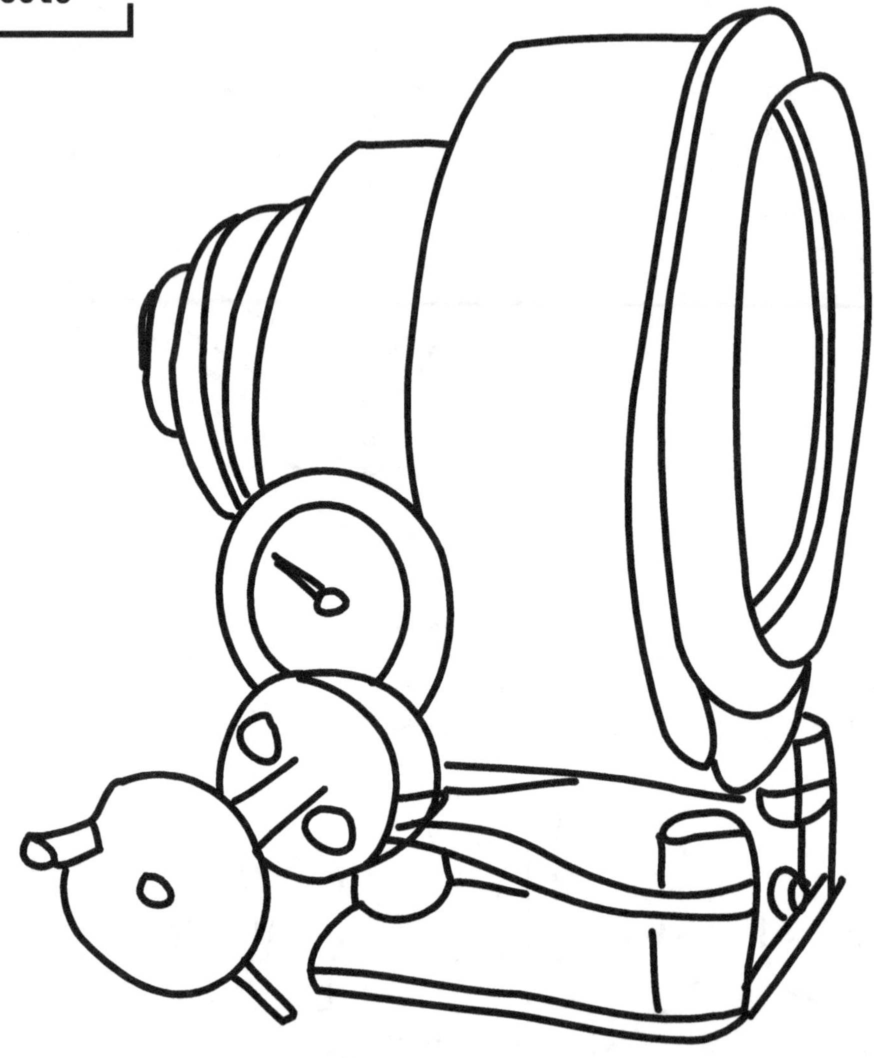

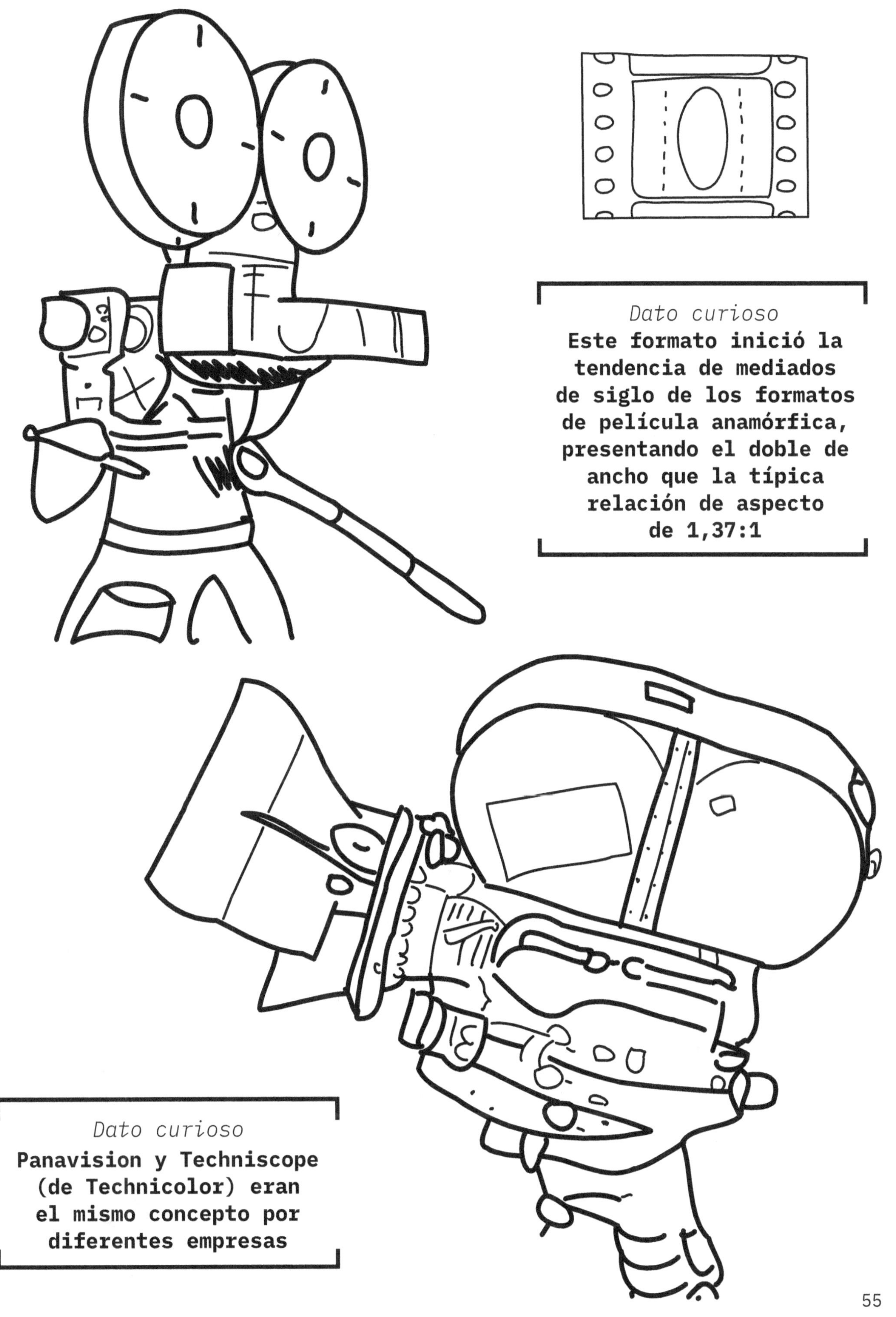

Dato curioso
Este formato inició la
tendencia de mediados
de siglo de los formatos
de película anamórfica,
presentando el doble de
ancho que la típica
relación de aspecto
de 1,37:1

Dato curioso
Panavision y Techniscope
(de Technicolor) eran
el mismo concepto por
diferentes empresas

VistaVision

Dato curioso
Este formato tenía una relación de aspecto natural de 1,5:1, pero podía recortarse aún más y configurarse en una variedad de relaciones, con funciones configuradas en 1,66:1, 1,85:1 y 1,96:1

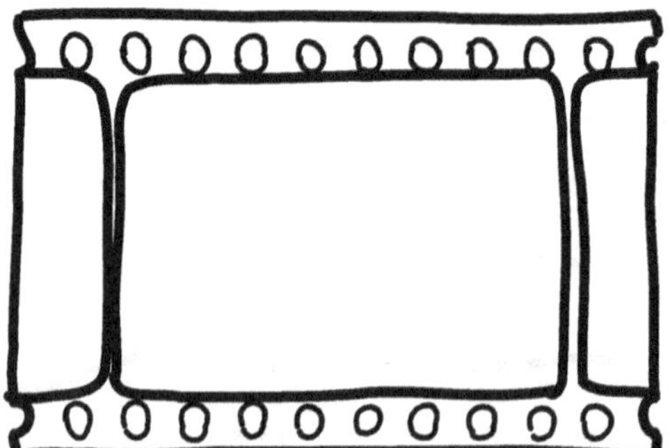

Dato curioso
Los fotogramas de este formato se capturaban horizontalmente en el rollo de película, en vez de la forma vertical tradicional

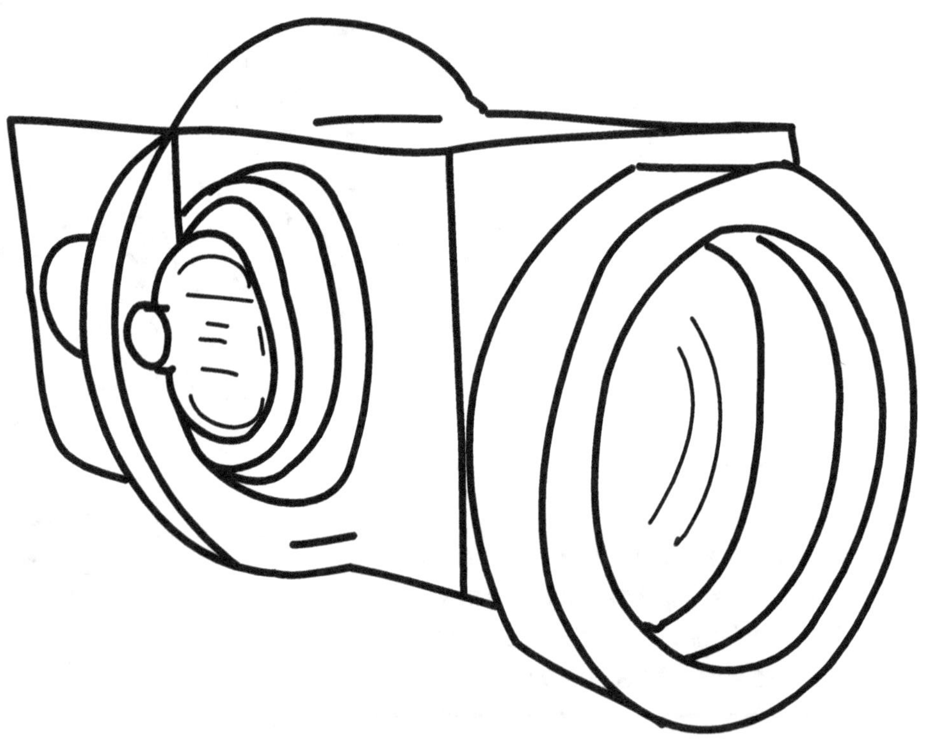

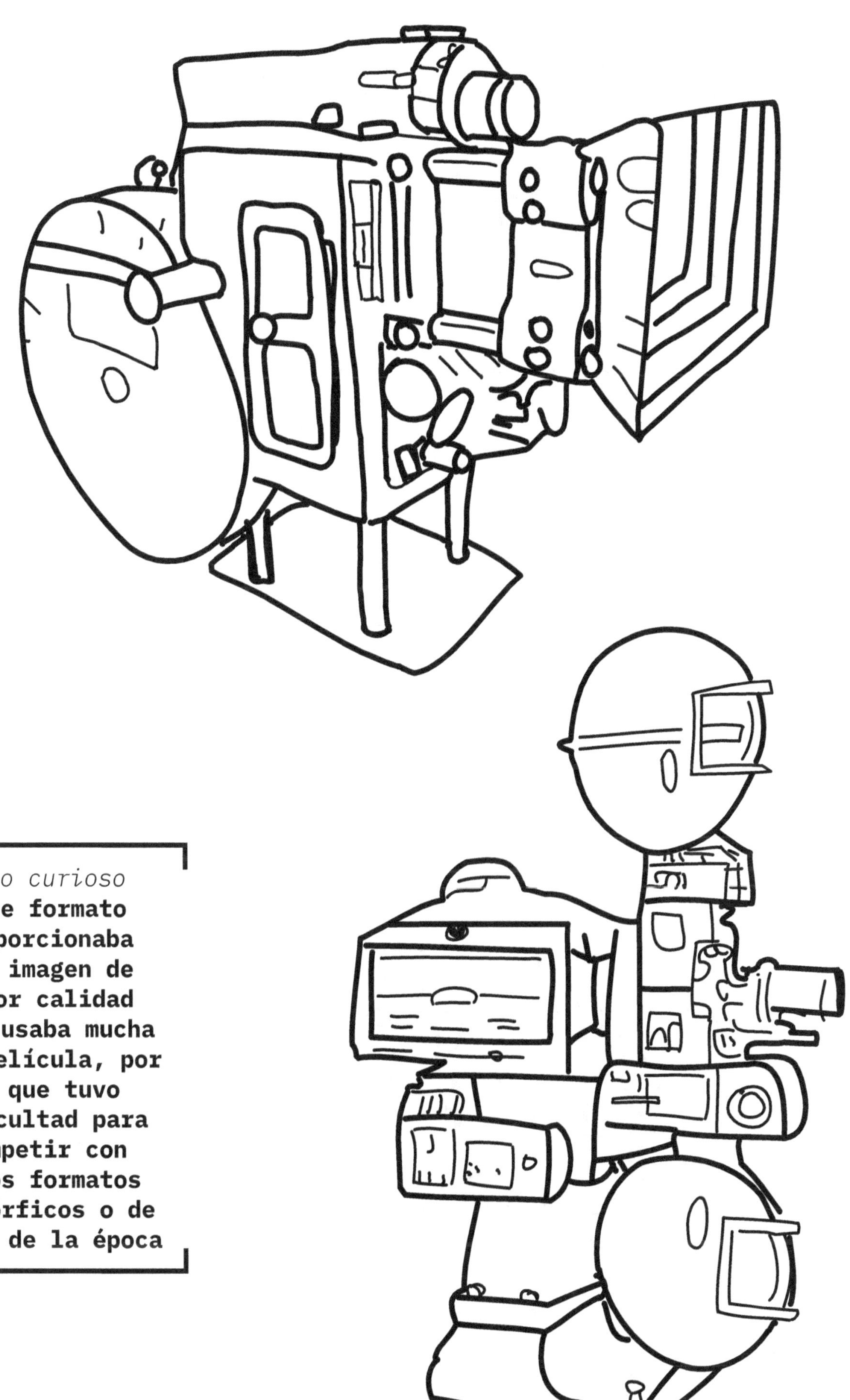

Dato curioso
Este formato
proporcionaba
una imagen de
mayor calidad
pero usaba mucha
más película, por
lo que tuvo
dificultad para
competir con
otros formatos
anamórficos o de
70 mm de la época

Circle-Vision 360°

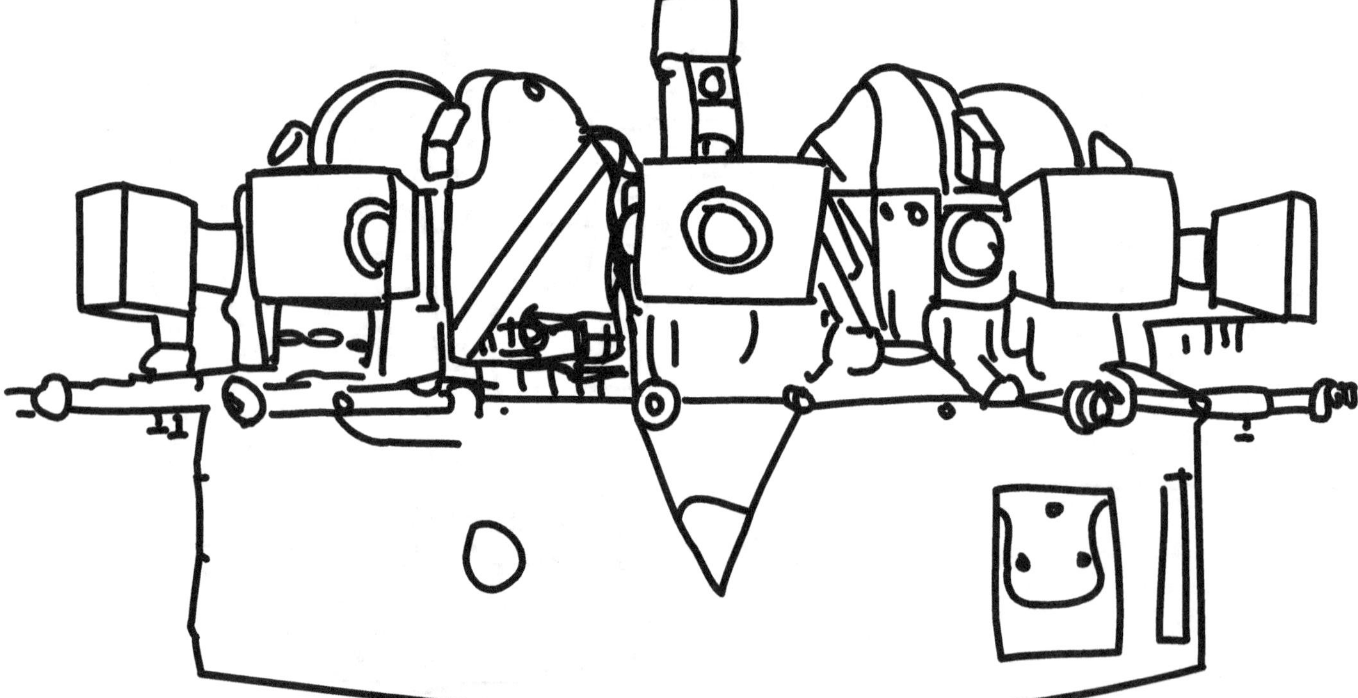

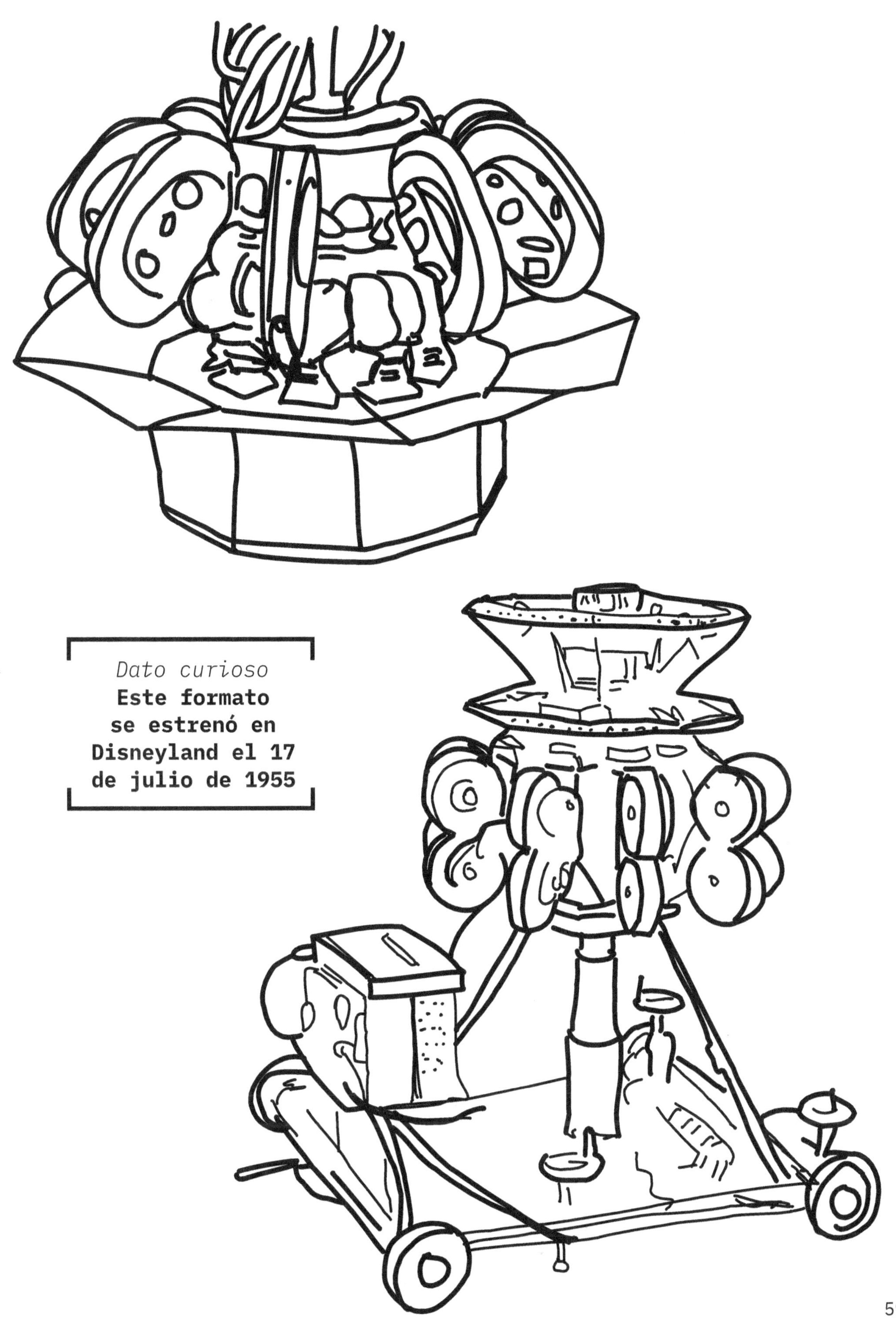

Dato curioso
Este formato
se estrenó en
Disneyland el 17
de julio de 1955

Todd-AO

Tamaño
70mm

Era
1955–década de 1970

Ratio de aspecto
2.2:1

Dato curioso
Este formato, creado para competir con Cinerama y CinemaScope, era una película de 70 mm mezclada con una pantalla curva

Desarrollado por
Mike Todd, et al

Dato curioso
Este formato tenía seis pistas de audio impresas

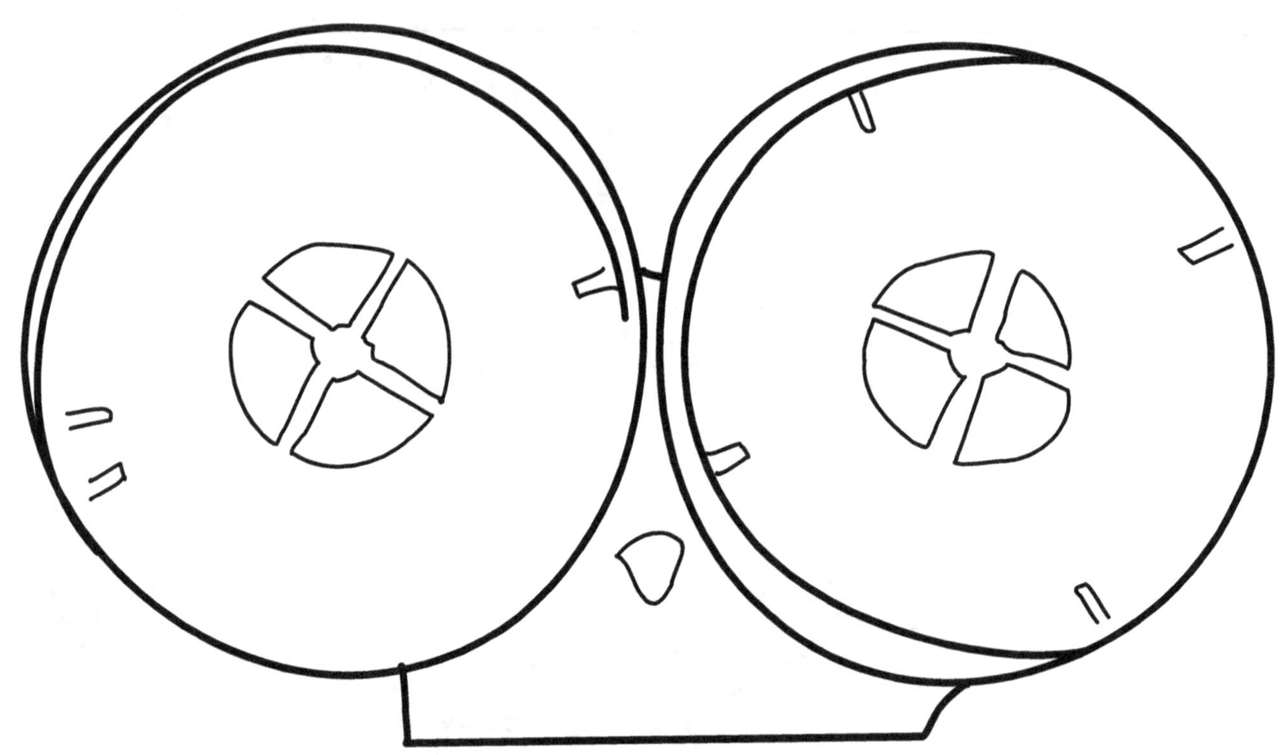

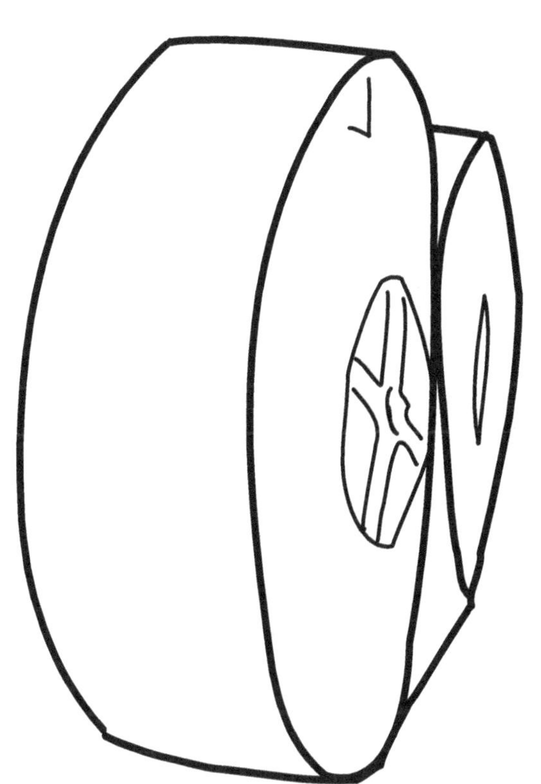

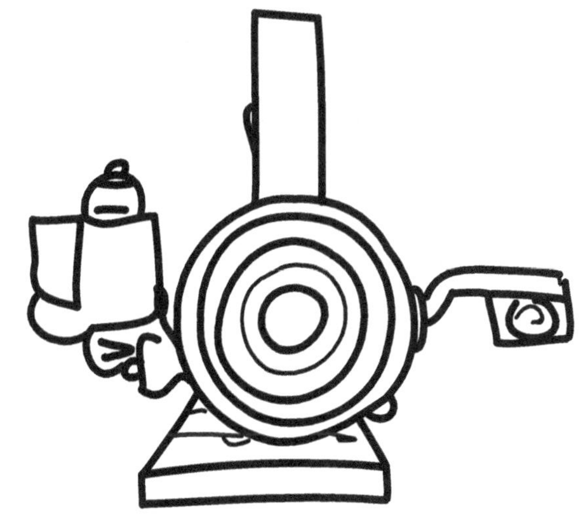

Dato curioso
Este formato utilizaba película
de 65 mm para su negativo
de producción y de 70 mm para su
impresión de distribución

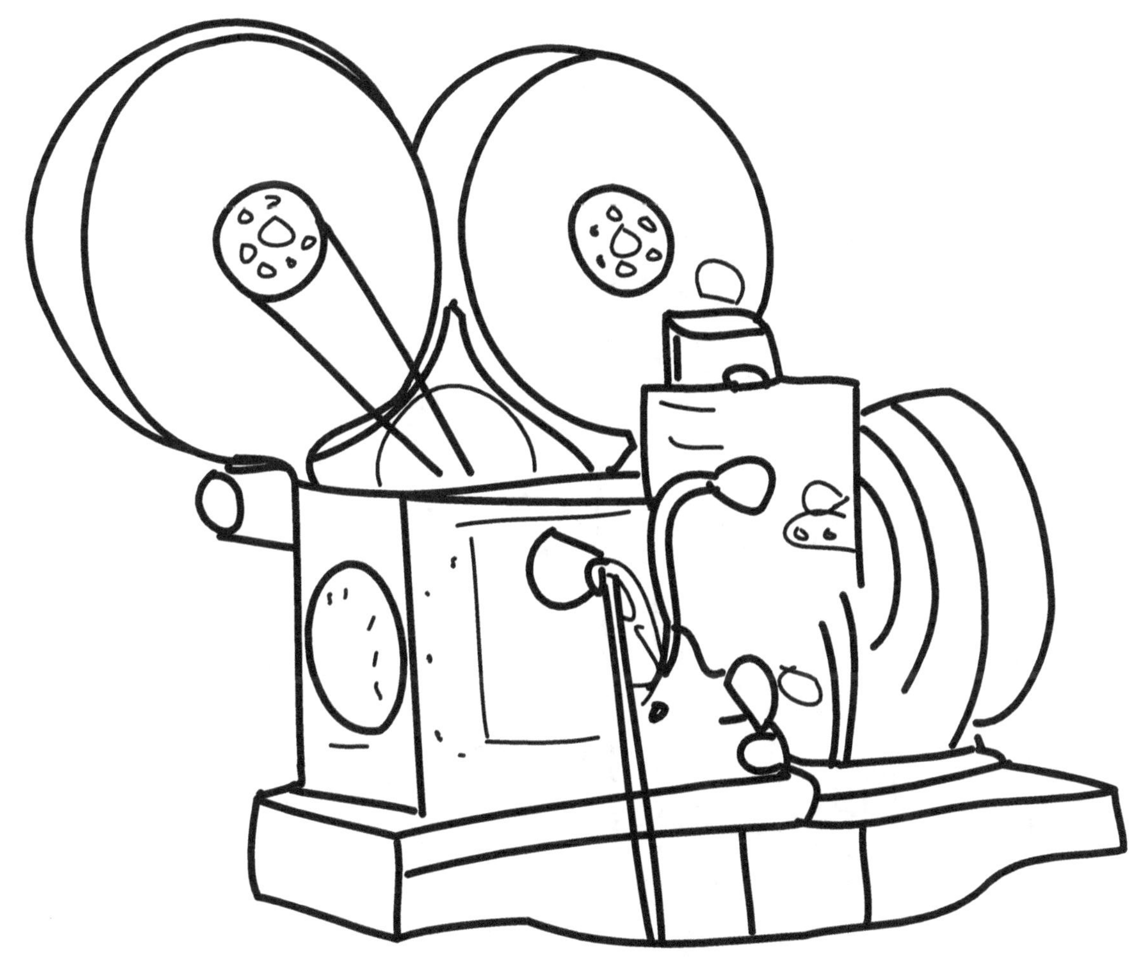

Technirama

Formato
analógico

Era
**1957-década
de 1960**

Desarrollado por
Technicolor

Tamaño
35mm

Ratio de aspecto
2.26:1

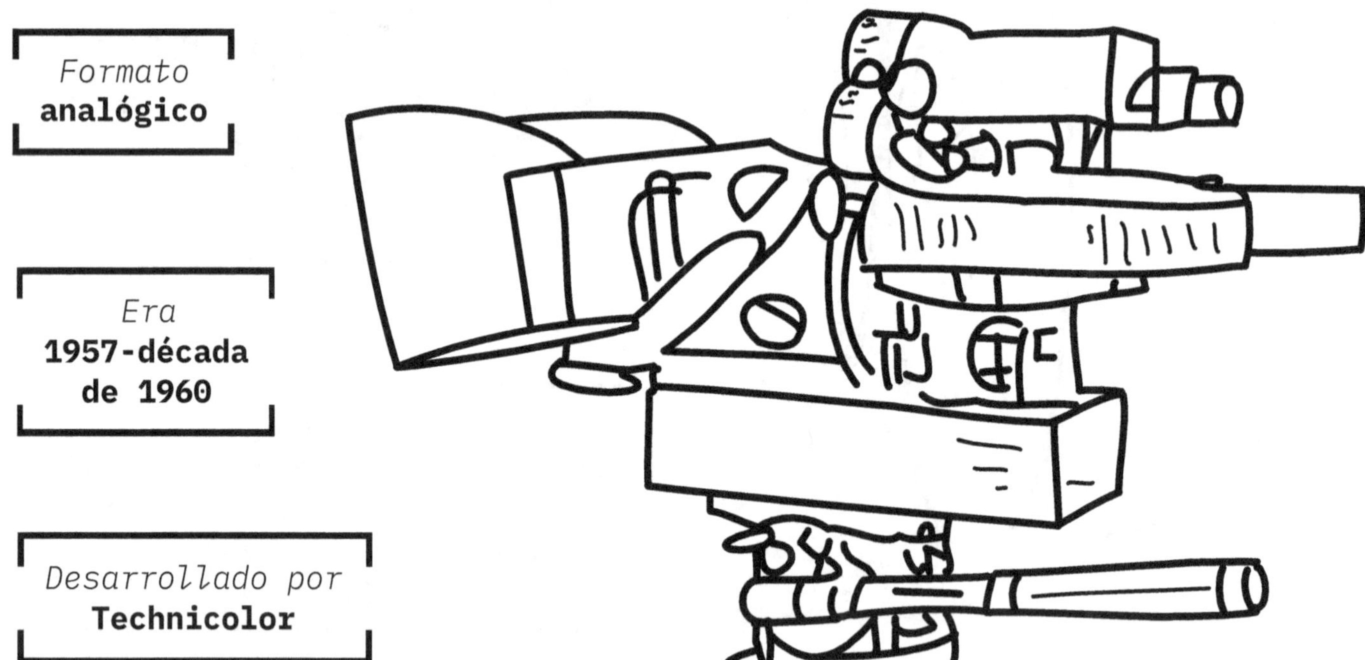

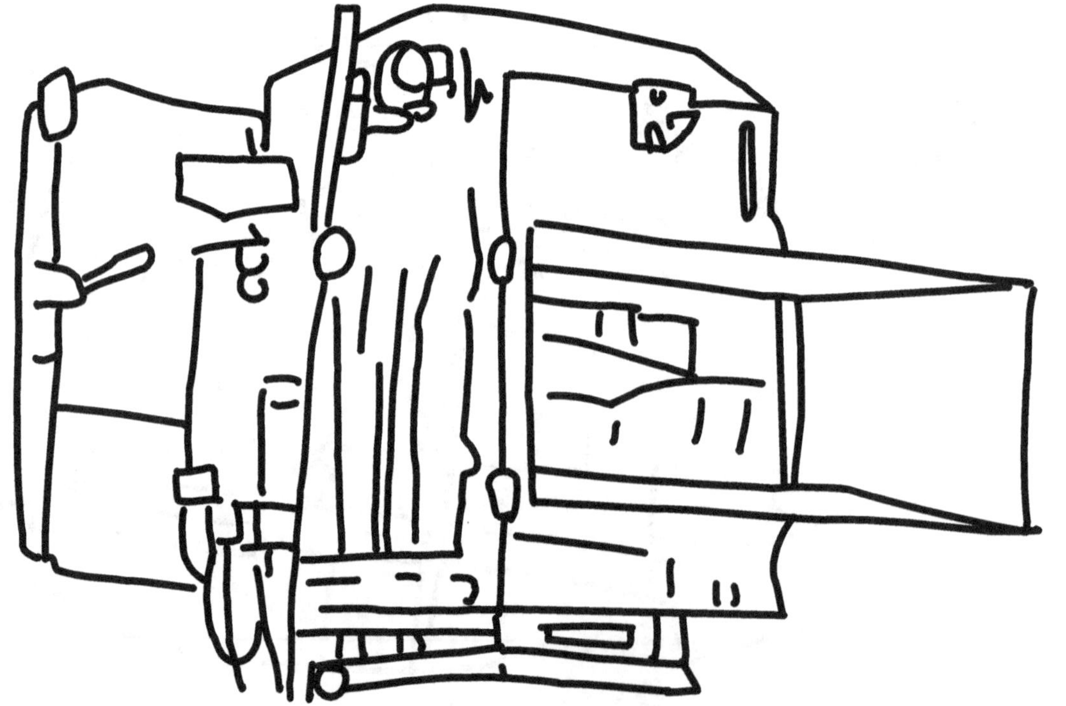

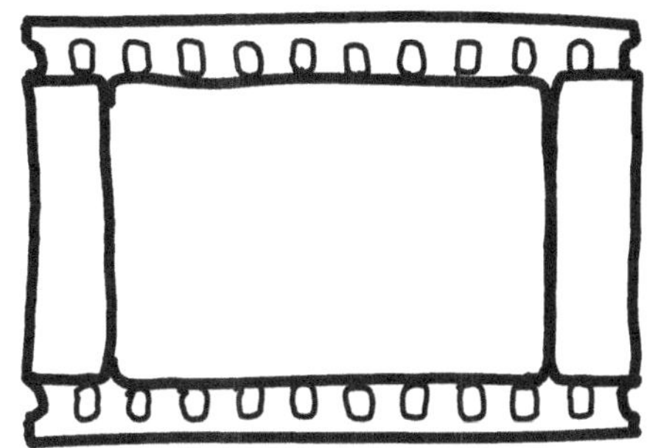

Dato curioso
Este formato fue desarrollado
por Technicolor para competir
con CinemaScope y VistaVision

Dato curioso
Este formato
utilizó
el marco
horizontal
como VistaVision
y la
tecnología
de lentes
anamórficas
de CinemaScope

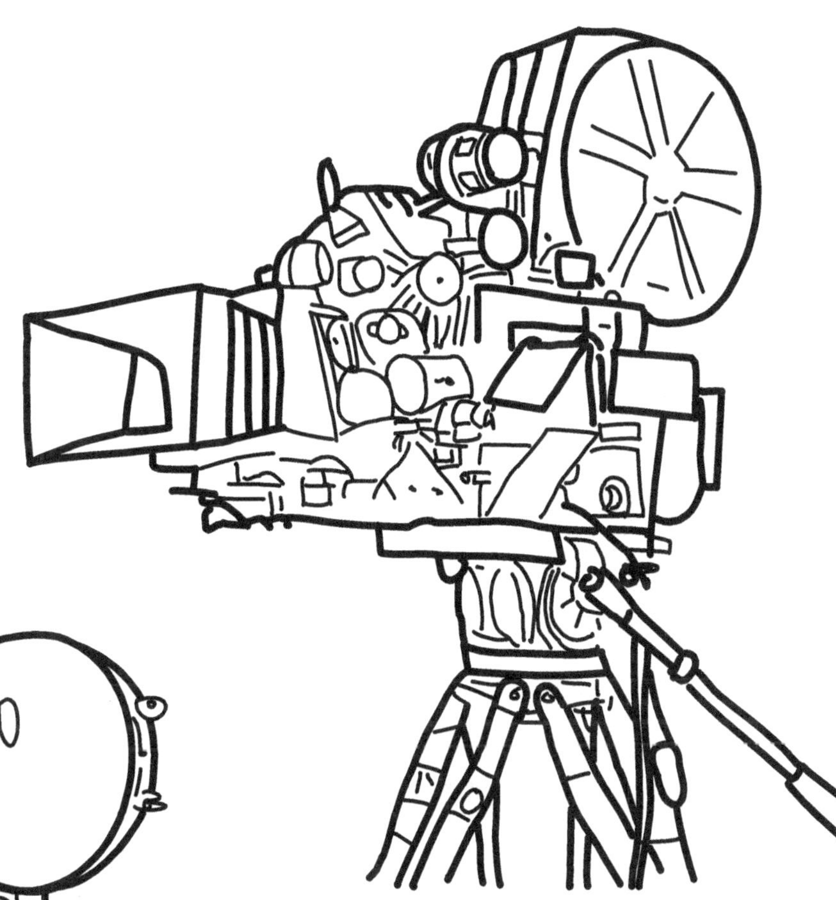

Dato curioso
Este formato
tenía un área
de cuadro de
película dos
veces más
grande que
CinemaScope

Película de Súper 8

Tamaño
8mm

Era
1965–

Ratio de aspecto
1.36:1

Desarrollado por
Eastman Kodak

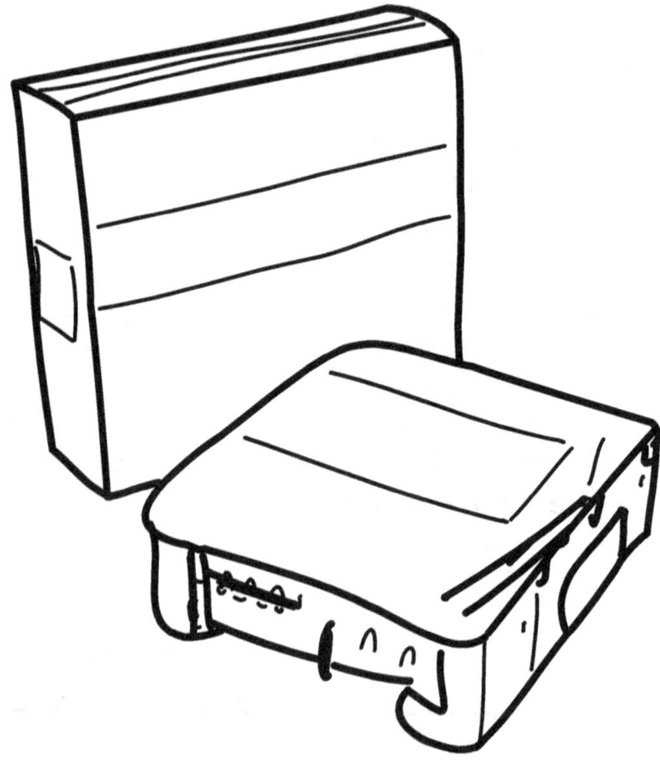

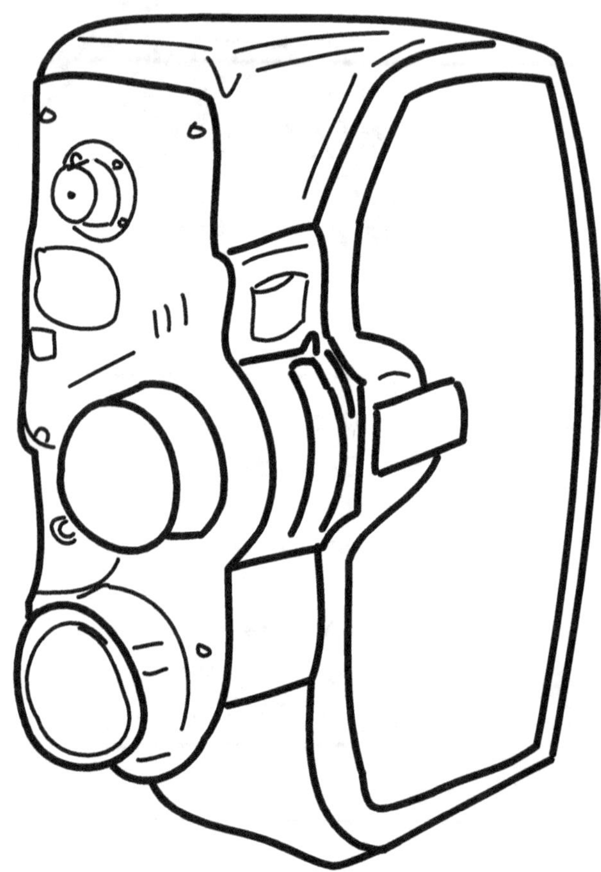

Dato curioso
Este formato se diferencia de su formato principal, 8 mm, por tener orificios de perforación más pequeños

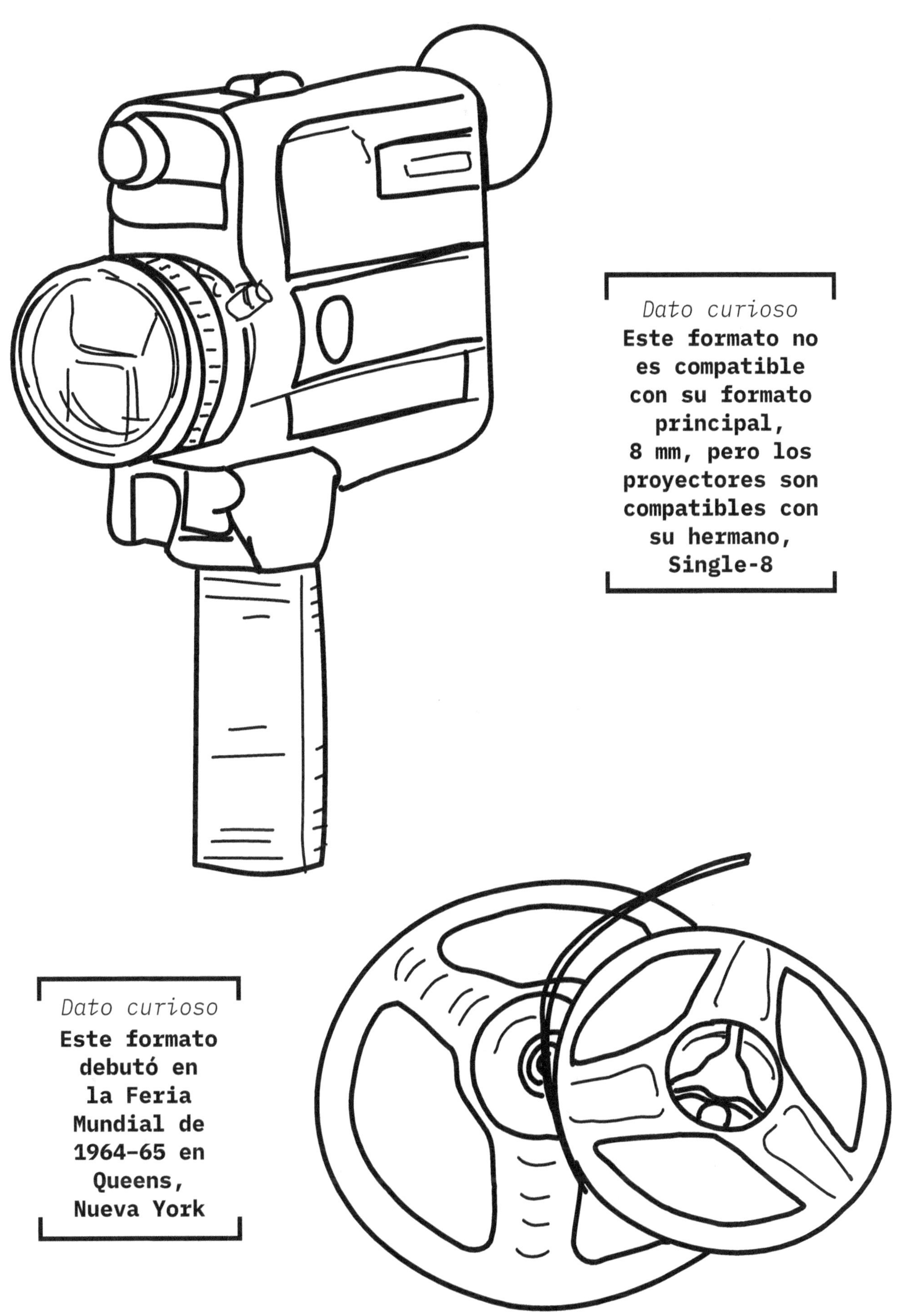

Dato curioso
Este formato no es compatible con su formato principal, 8 mm, pero los proyectores son compatibles con su hermano, Single-8

Dato curioso
Este formato debutó en la Feria Mundial de 1964–65 en Queens, Nueva York

Single-8

Formato
analógico

Desarrollado por
Fujifilm

Era
1965–2012

Tamaño
8mm

Ratio de aspecto
1.35:1

Dato curioso
**Este formato fue creado
por Fujifilm para competir
con el Super 8 de Kodak**

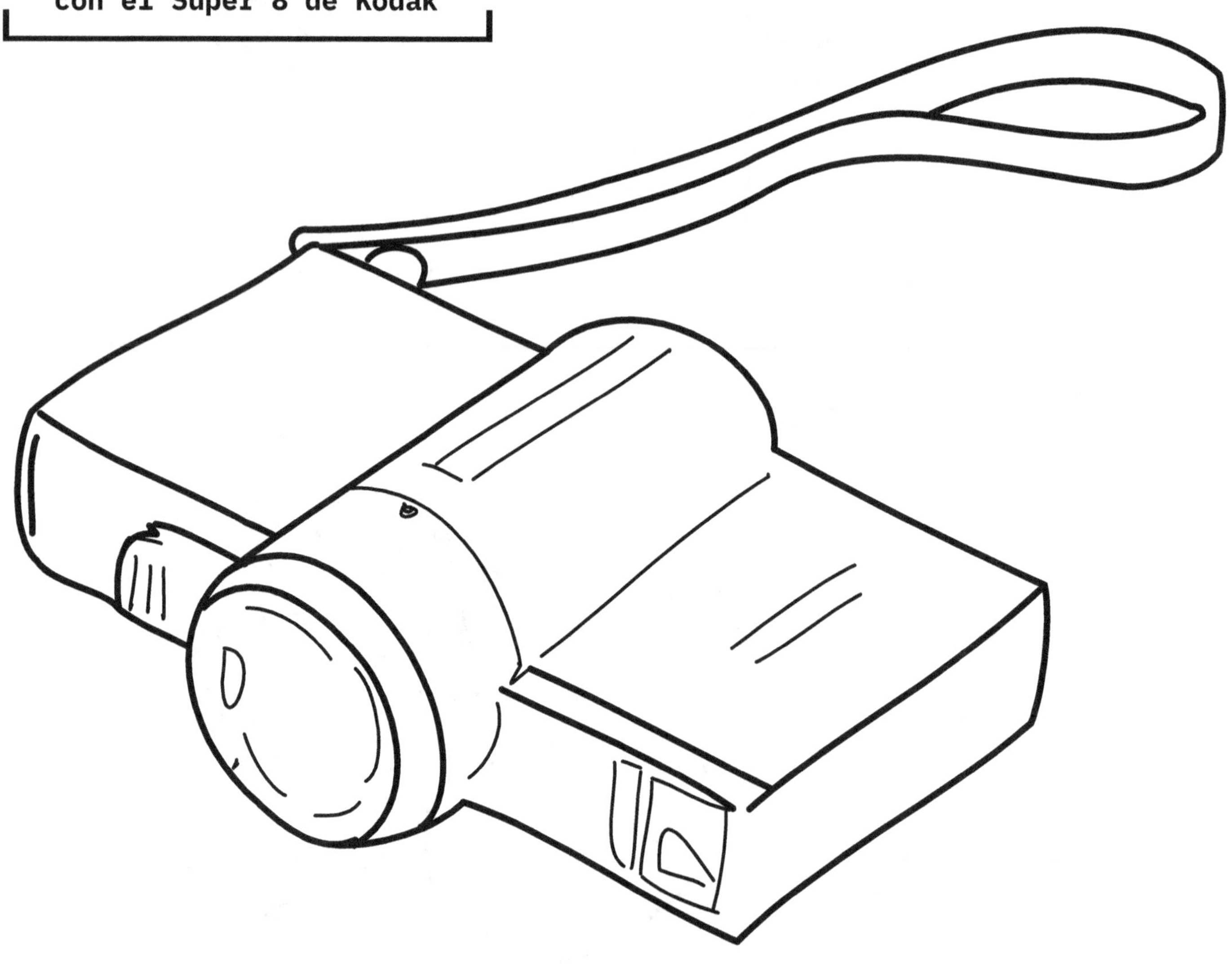

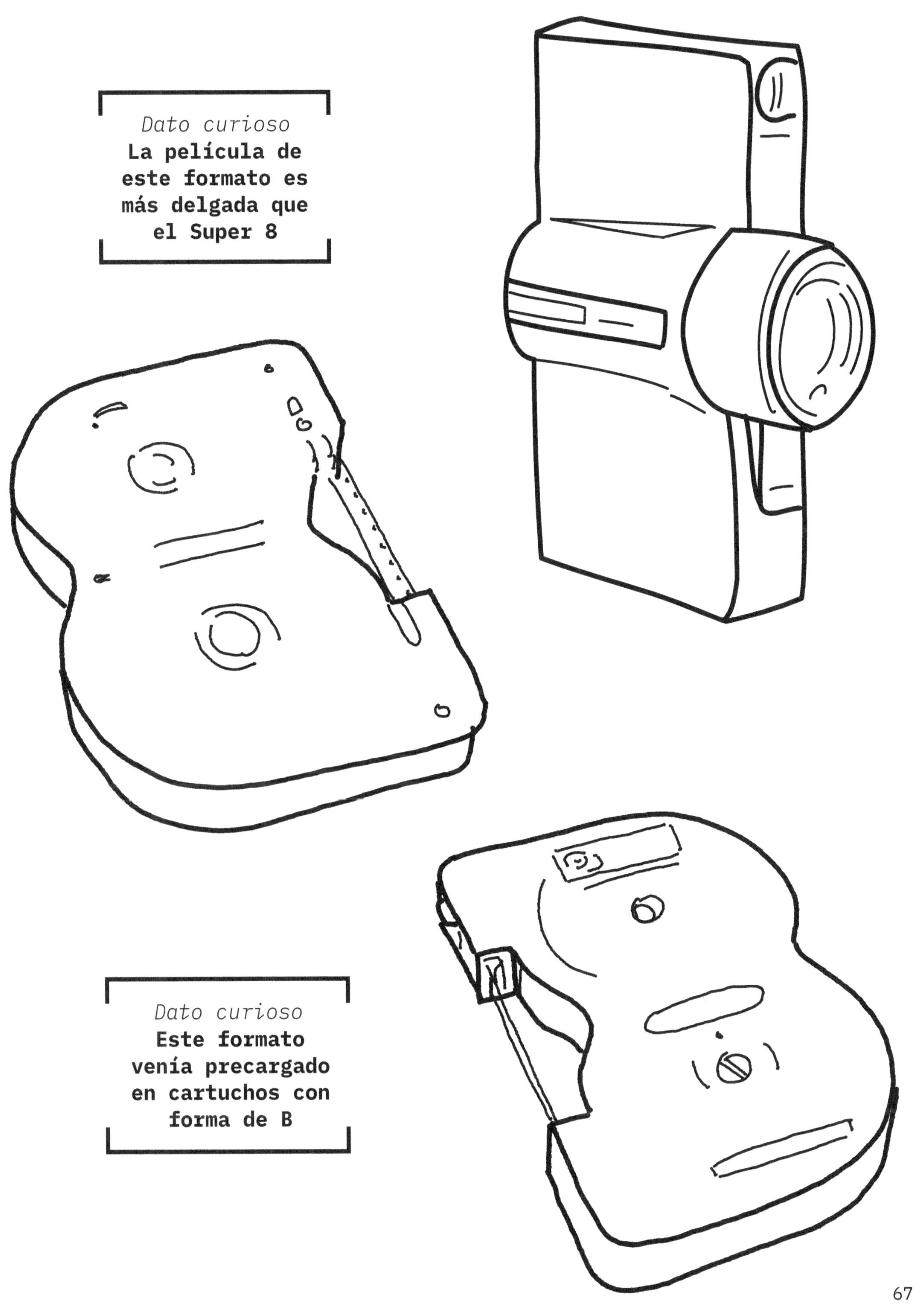

Dato curioso
La película de
este formato es
más delgada que
el Super 8

Dato curioso
Este formato
venía precargado
en cartuchos con
forma de B

Película de Súper 16

También conocido como
16 mm Type W

Tamaño
16mm

Ratio de aspecto
1.66:1

Desarrollado por
Rune Ericson

Era
1969–

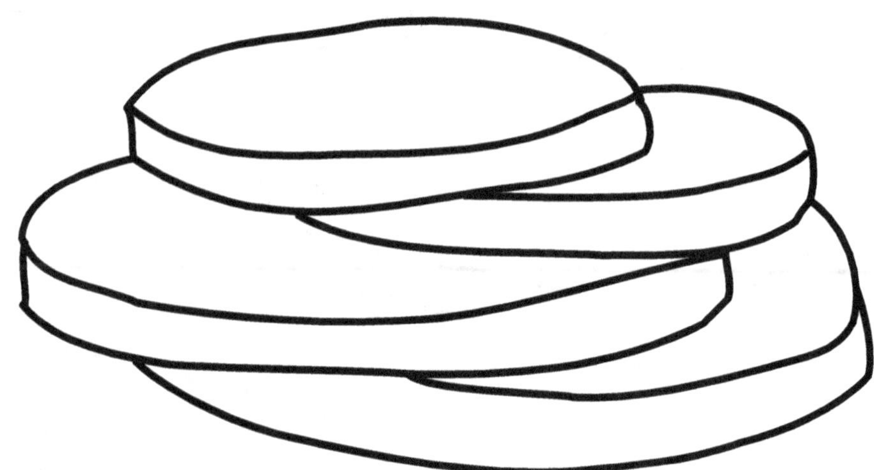

Dato curioso
Esta versión de 16 mm utiliza una perforación de un lado para tener espacio para una imagen más amplia

Dato curioso
No hay un proyector Super 16 mm, por lo que reproducir este formato significa realizar personalizaciones especiales o ampliar a 35 mm

Dato curioso
Esta fue una adaptación de la relación de aspecto 1.66 ("formato Paramount") a película de 16 mm

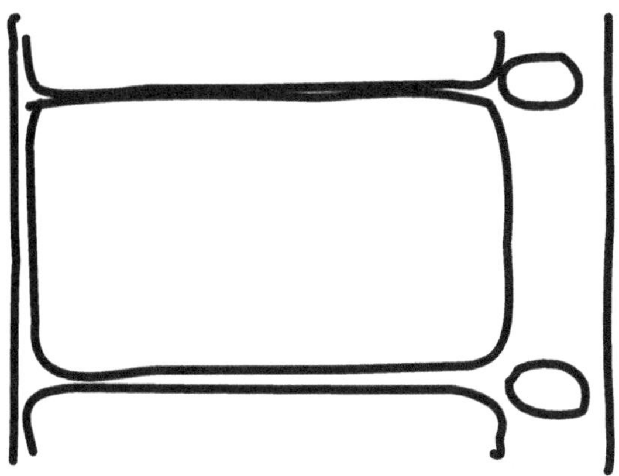

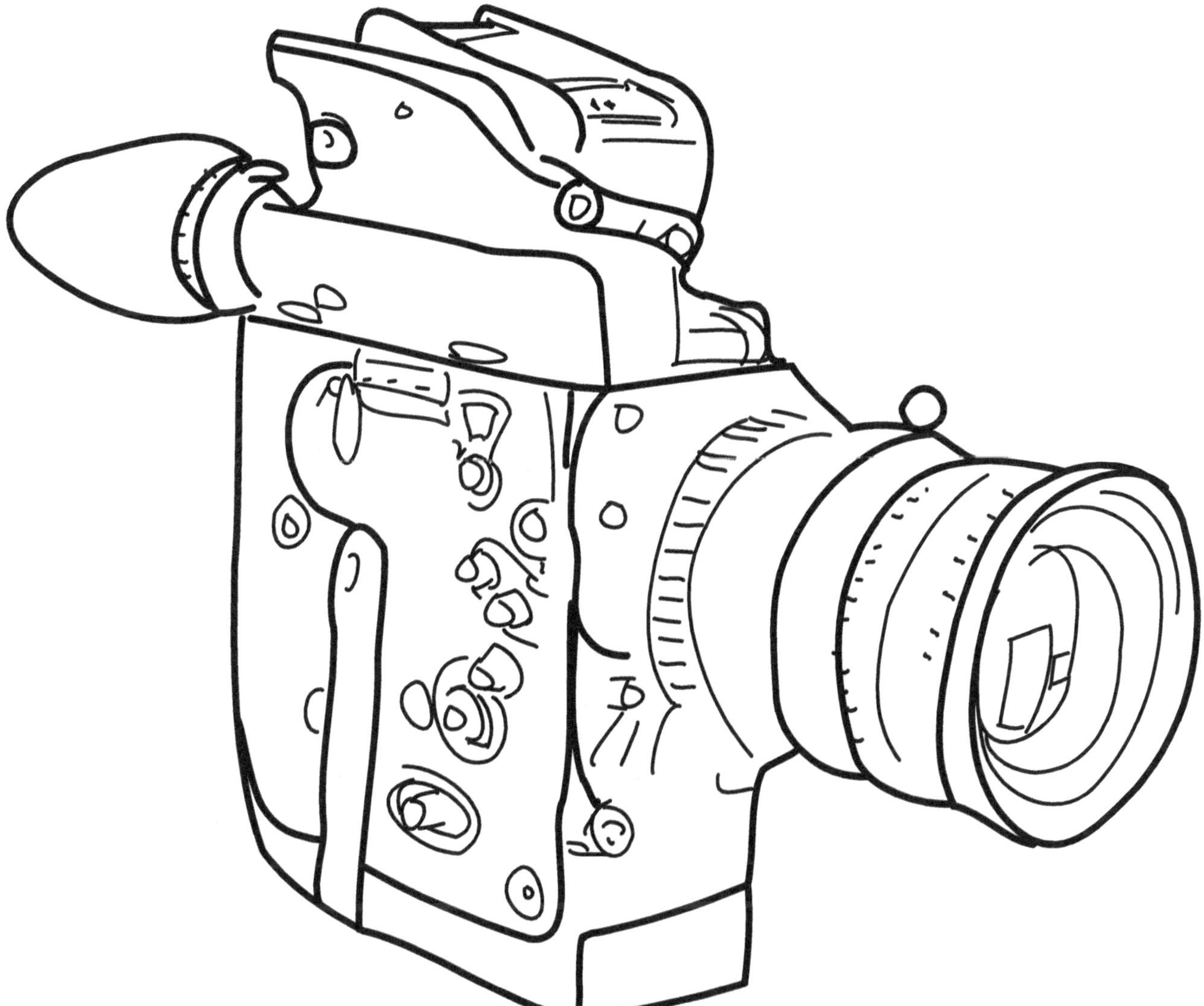

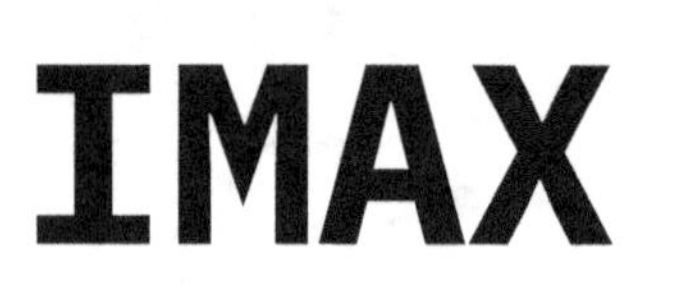

IMAX

Formato
analógico

Era
1970–

Ratio de aspecto
1.43:1, 1.90:1

Tamaño
70mm (horizontal)

Desarrollado por
IMAX Corporation

También conocido como
IMAX 15/70

Dato curioso
Este es un sistema patentado de cámaras de alta resolución, formatos de películas, proyectores de películas y teatros

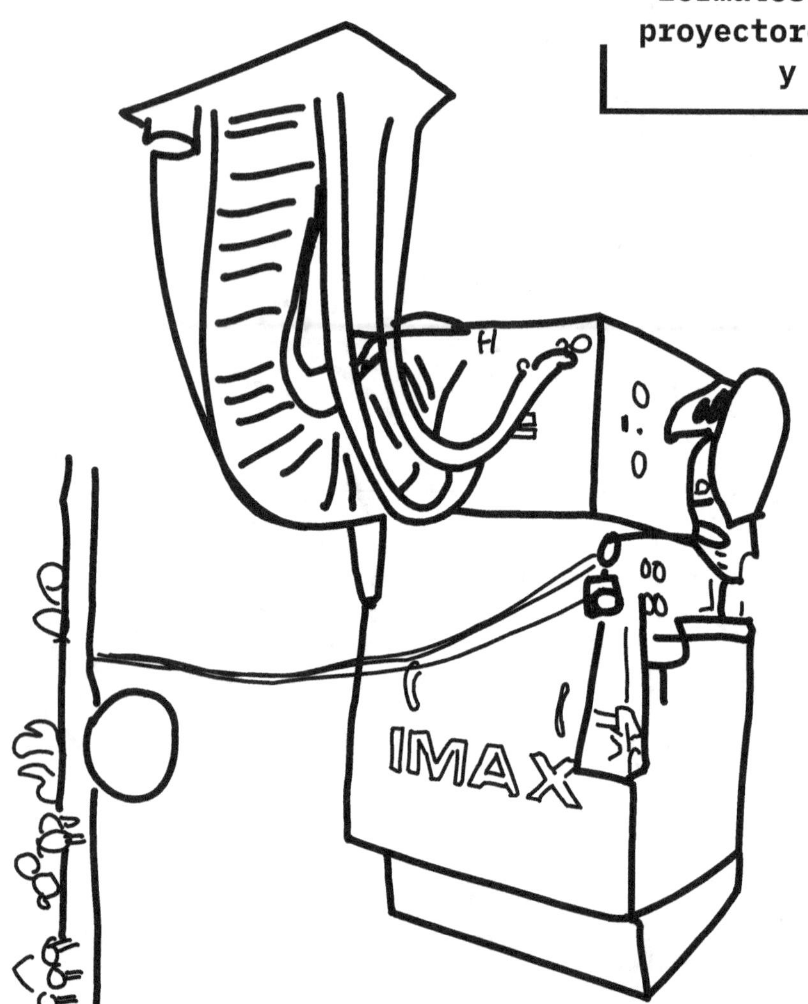

Dato curioso
Esta versión de película horizontal se llama "formato 15/70" porque es de 70 mm y tiene 15 perforaciones por fotograma

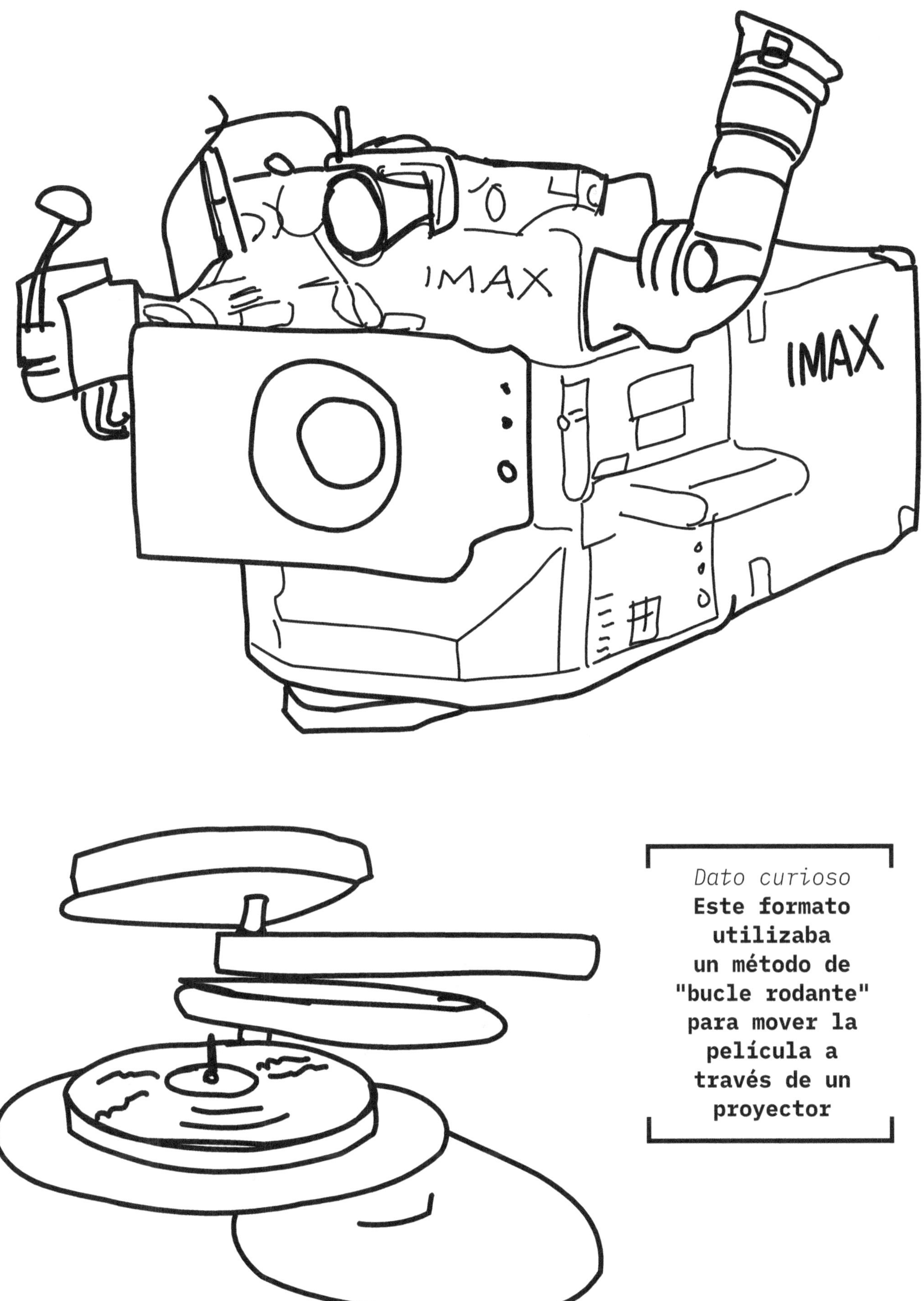
IMAX
IMAX

Dato curioso
Este formato
utilizaba
un método de
"bucle rodante"
para mover la
película a
través de un
proyector

Omnimax

Formato
analógico

Era
1976–

Tamaño
70mm (horizontal)

También conocido como
IMAX Dome

Ratio de aspecto
1.43:1

Desarrollado por
IMAX Corporation

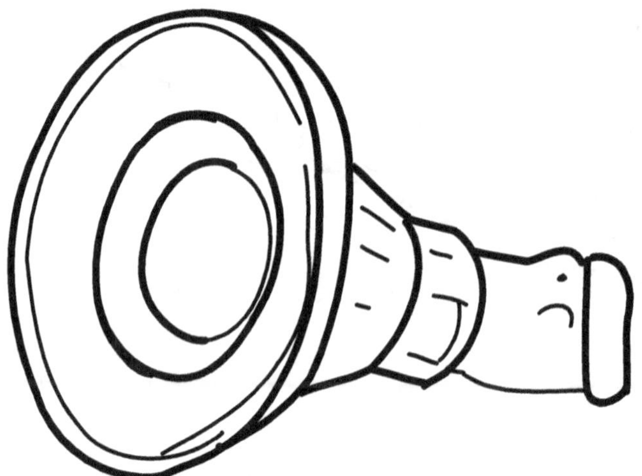

Dato curioso
Este formato graba con una lente de "ojo de pez" redondeada para adaptarse a la cúpula de proyección redondeada

Dato curioso
Este formato requiere un teatro de cúpula redondeada personalizado, usado principalmente en planetarios

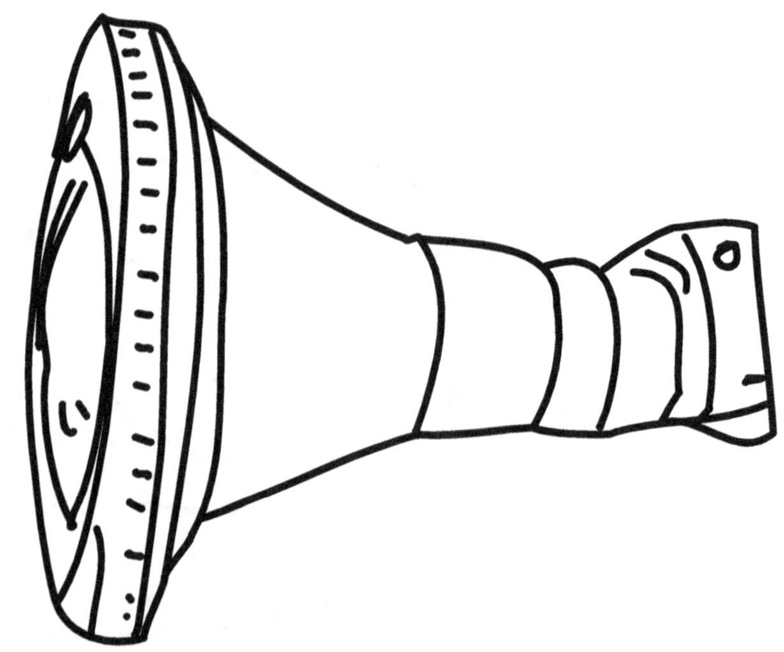

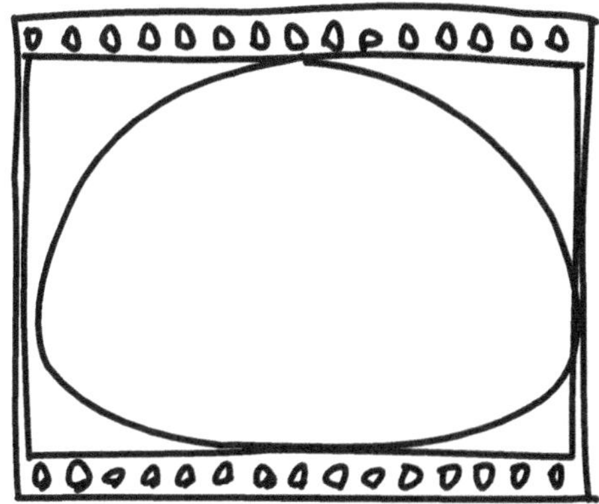

Dato curioso
La lente de este formato
se centró ópticamente sobre
la línea central horizontal
de la película

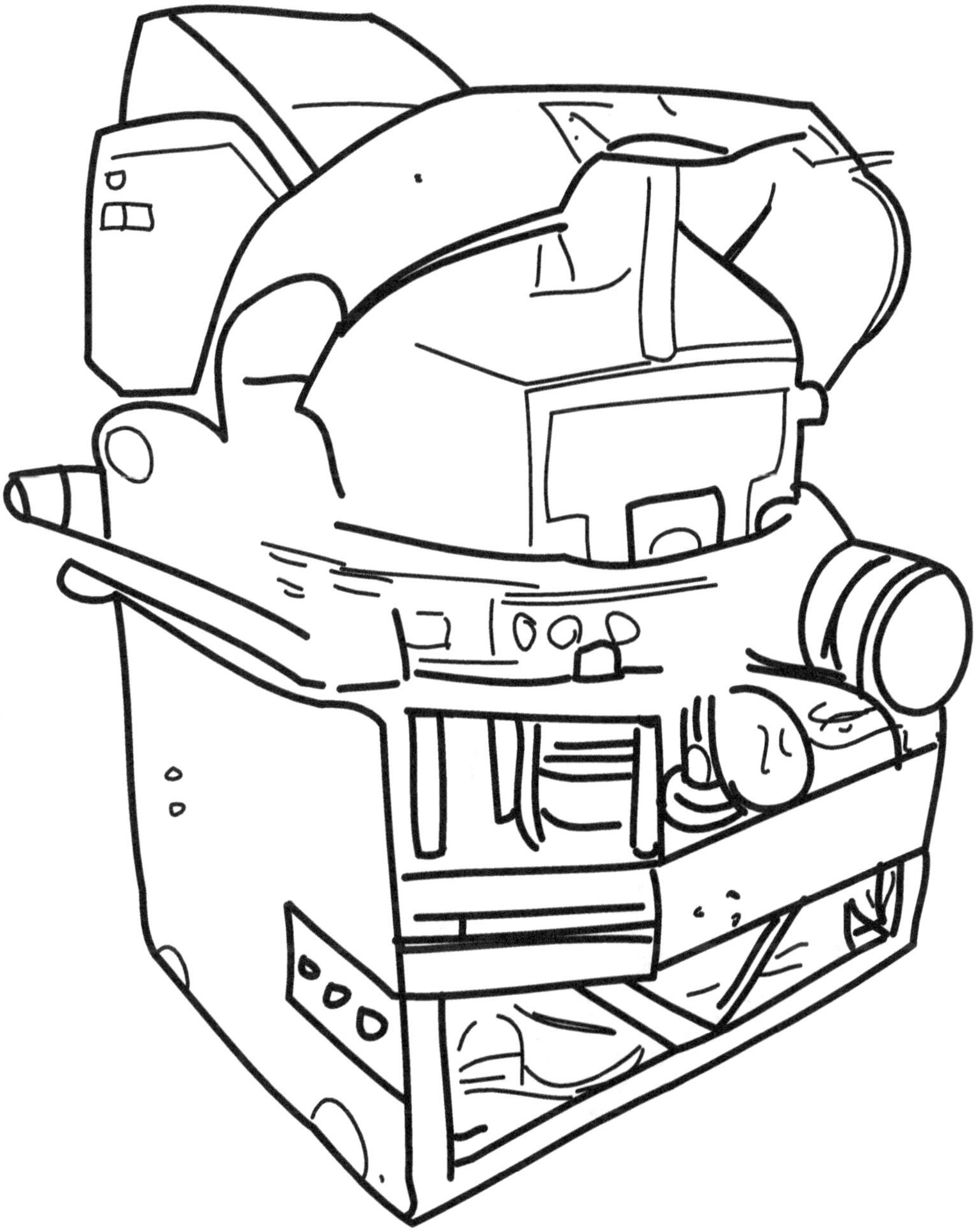

Polavisión

Tamaño
8mm

Ratio de aspecto
1.36:1

Desarrollado por
Polaroid Corporation

Era
1977–1979

Dato curioso
**Este formato fue el intento de la
Polaroid Corporation de llevar
su popular película "instantánea"
al espacio de la imagen en movimiento**

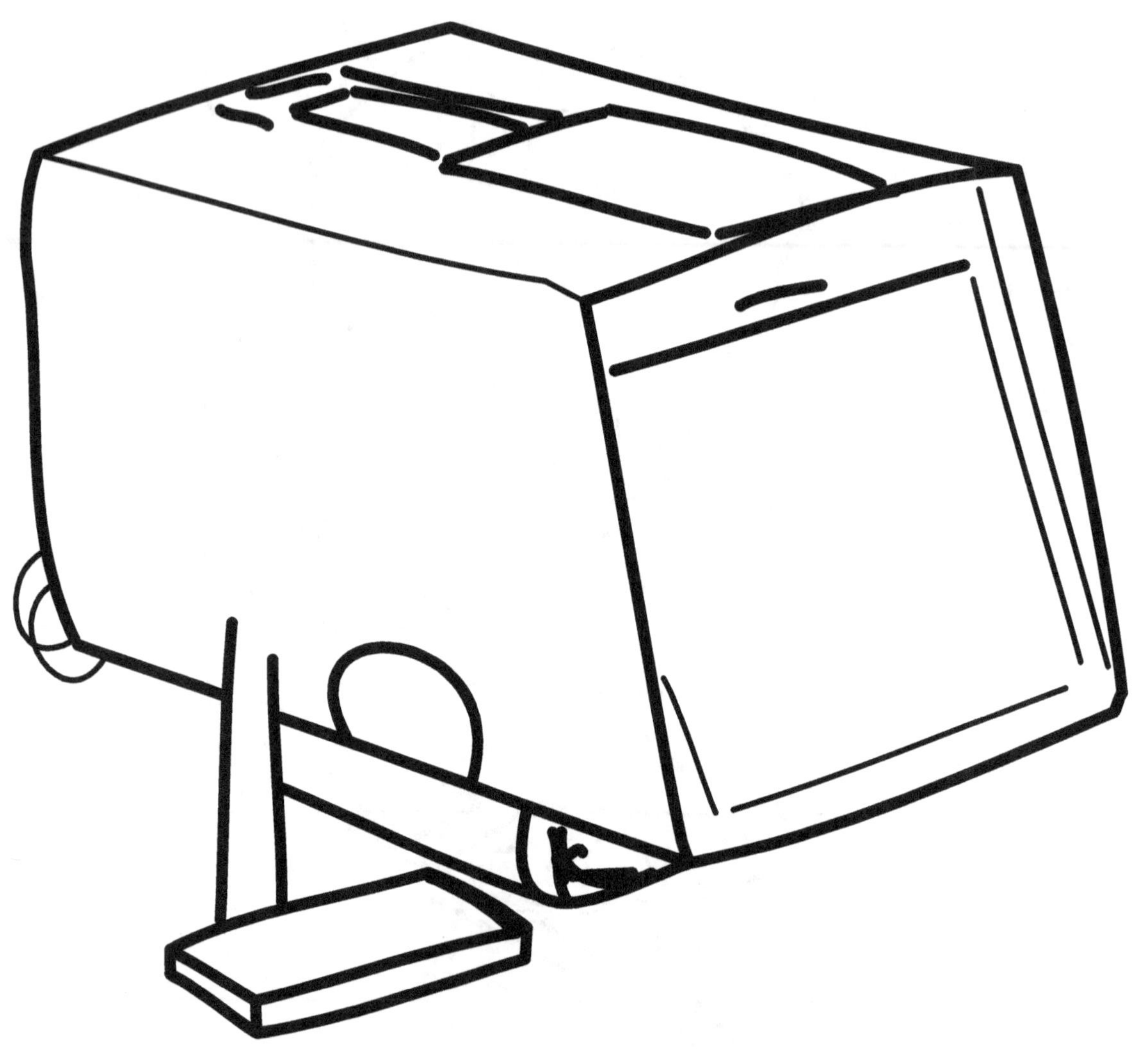

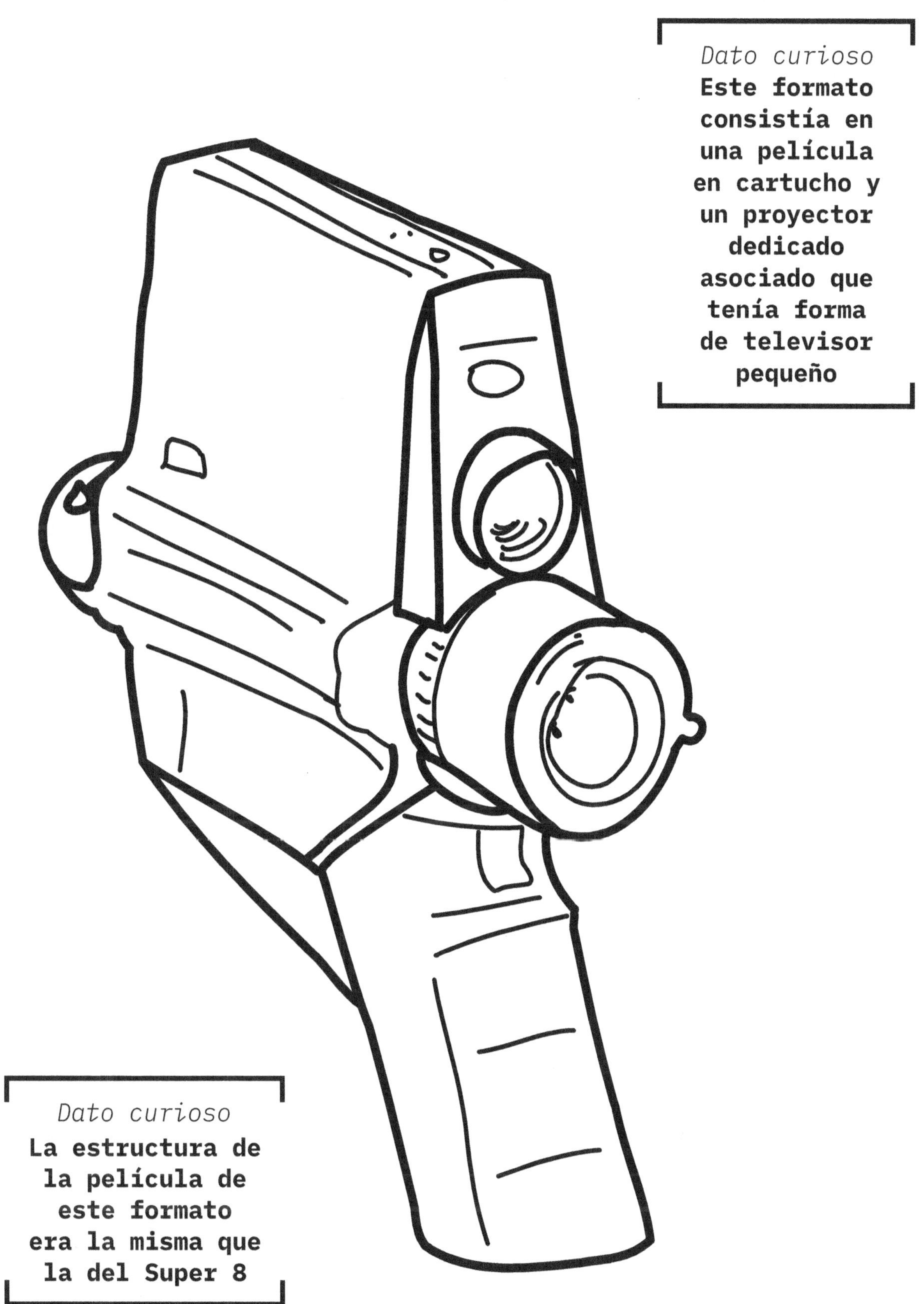

Dato curioso
Este formato consistía en una película en cartucho y un proyector dedicado asociado que tenía forma de televisor pequeño

Dato curioso
La estructura de la película de este formato era la misma que la del Super 8

Showscan

Era
1978–1990s

Tamaño
65mm

Desarrollado por
**Douglas Trumbull
(Showscan Film Corporation)**

También conocido como
CP-65

Ratio de aspecto
2.21:1

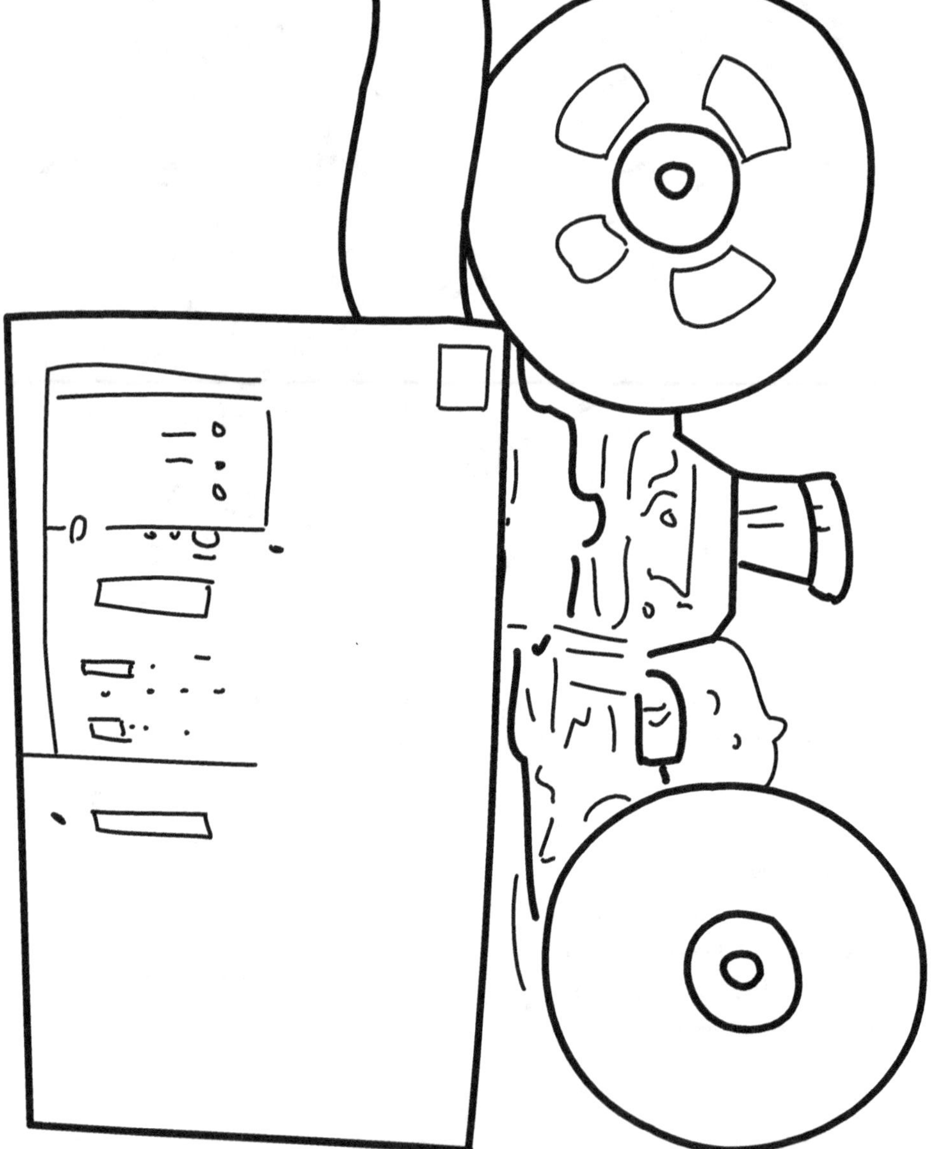

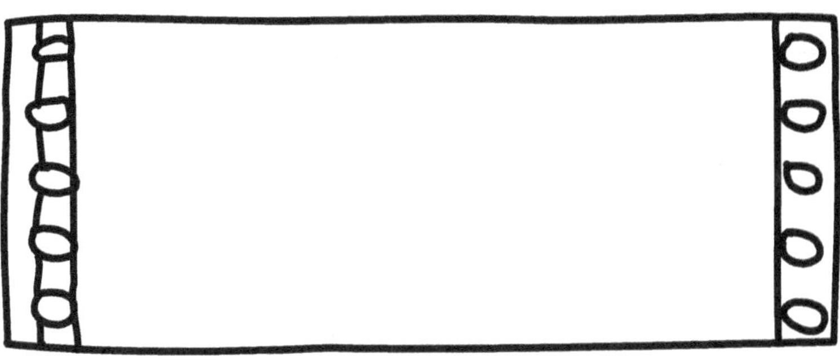

Dato curioso
Este formato
no logró
competir en
el mercado
contra IMAX

Dato curioso
Douglas Trumbull ganó
un premio de la
Academia por el
desarrollo de este
sistema de cámara

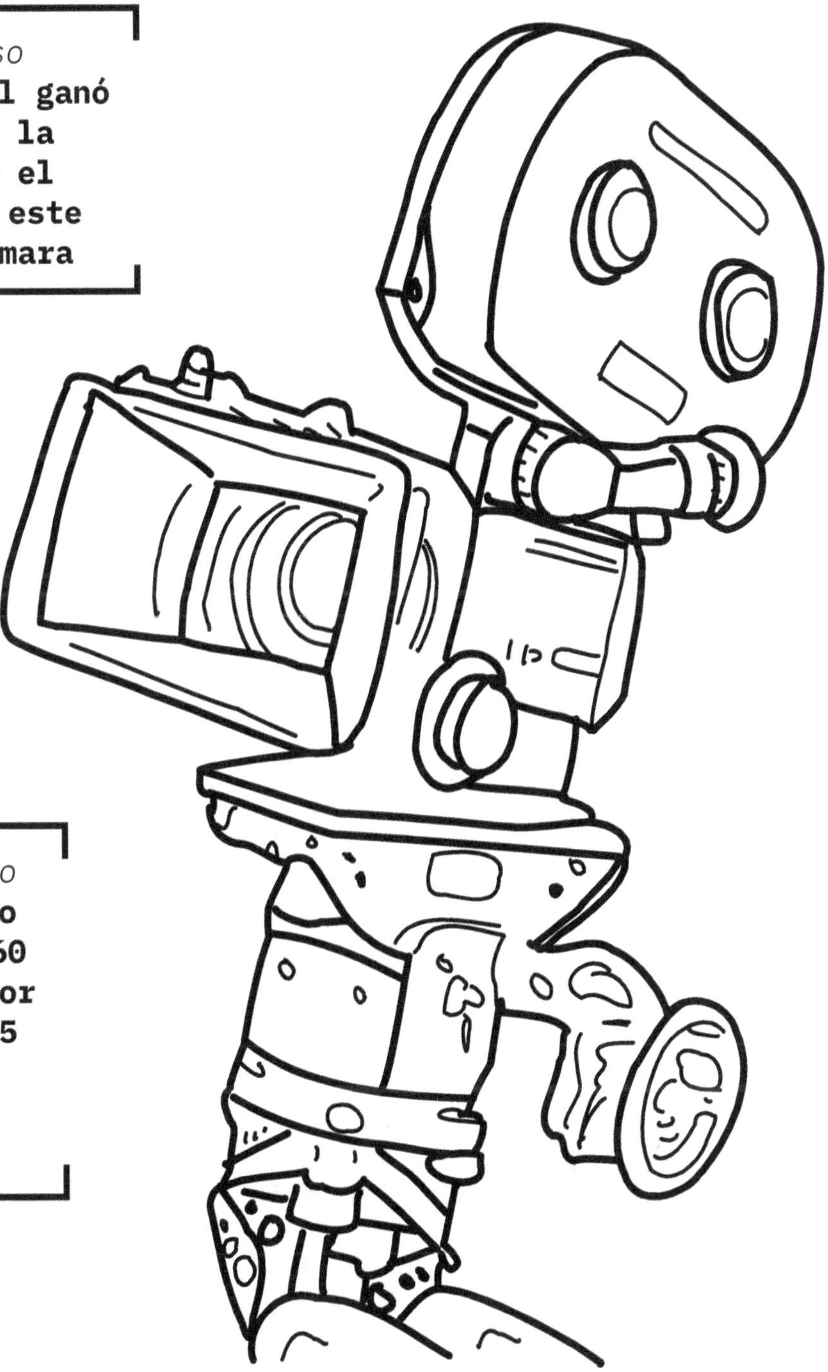

Dato curioso
Este formato
se mueve a 60
fotogramas por
segundo, 2,5
veces la
velocidad
estándar

DCP

Formato
digital

También conocido como
**Paquete de Cine Digital
(Digital Cinema Package)**

Tamaño
Varios

Ratio de aspecto
Varios

Dato curioso
**Este formato es una
colección estructurada
de archivos que
representan una película**

Era
2005–

Desarrollado por
**Digital Cinema
Initiatives, LLC**

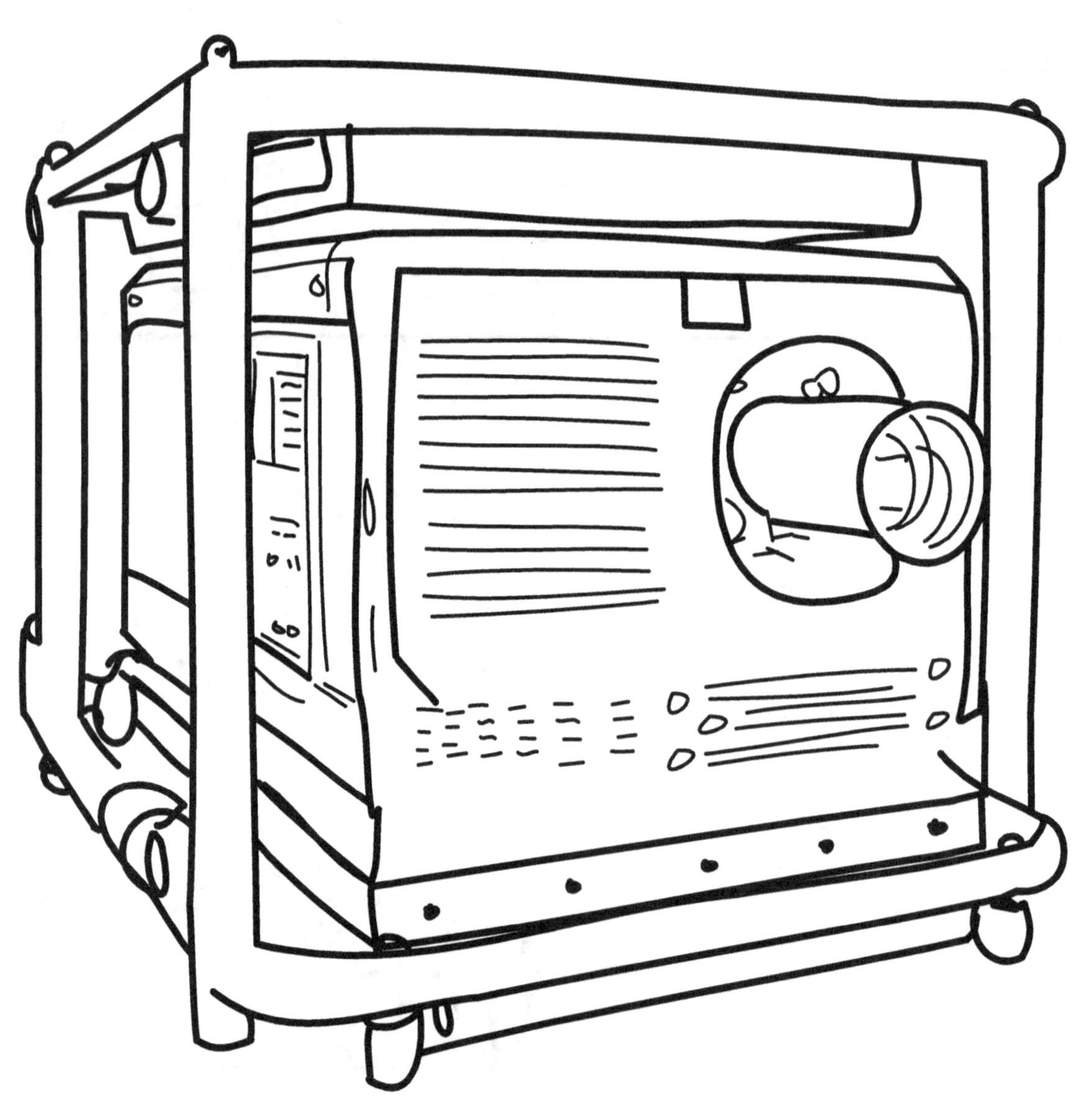

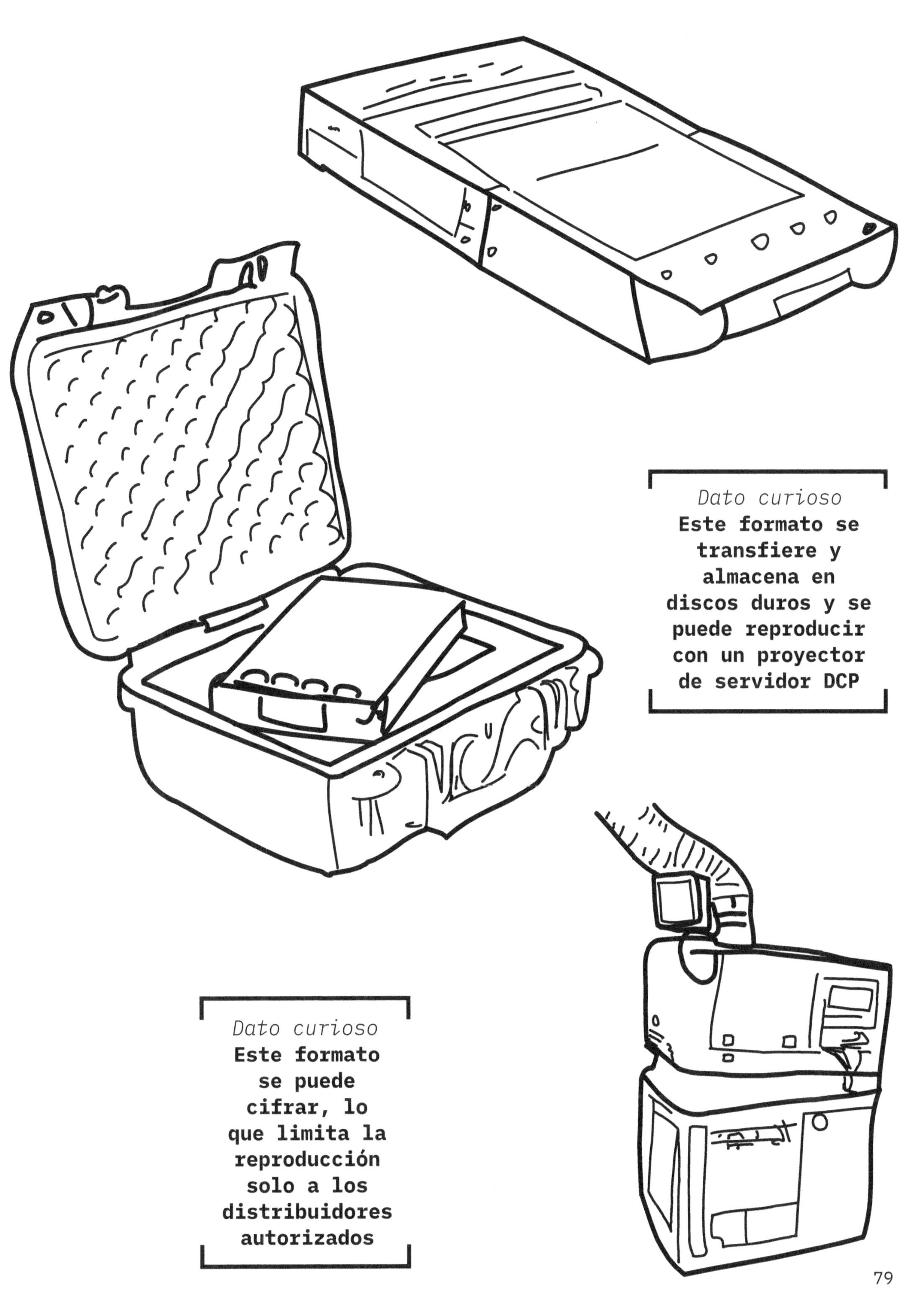

Dato curioso
Este formato se
transfiere y
almacena en
discos duros y se
puede reproducir
con un proyector
de servidor DCP

Dato curioso
Este formato
se puede
cifrar, lo
que limita la
reproducción
solo a los
distribuidores
autorizados

IMAX Laser

Formato
digital

Era
2012–

Tamaño
70mm (horizontal)

Desarrollado por
IMAX Corporation

Ratio de aspecto
1.43:1

Dato curioso
**Este formato proyecta
imágenes con resolución
4K mediante tecnología láser**

IMAX

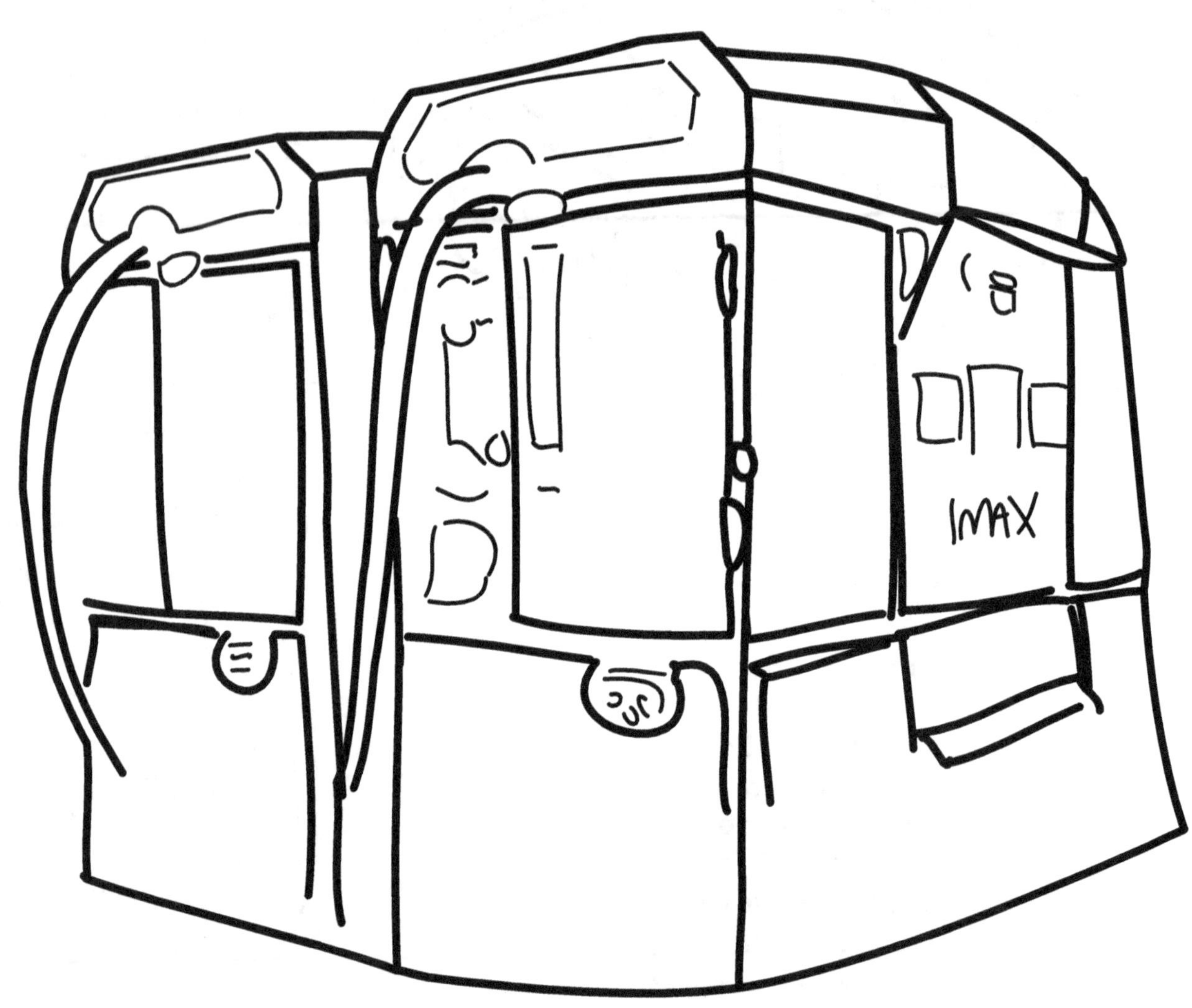

Dato curioso
Este formato se proyecta utilizando la relación de aspecto IMAX tradicional de 1,43:1, pero se puede ajustar para trabajar con pantallas más anchas

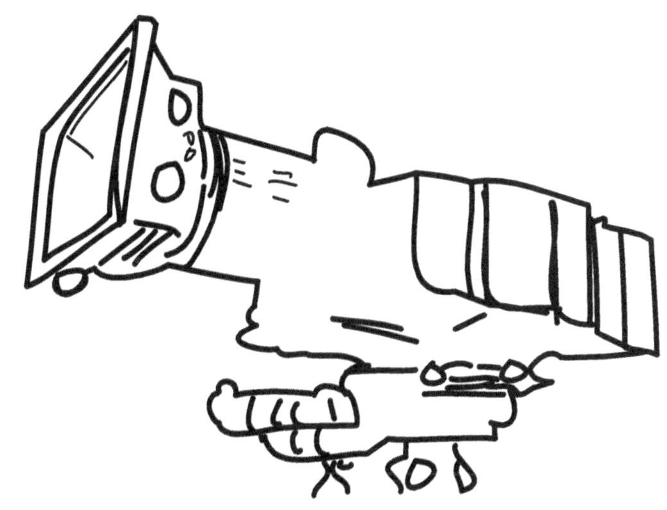

Dato curioso
Este formato utiliza dos proyectores, aunque también se ha lanzado una edición de un solo proyector

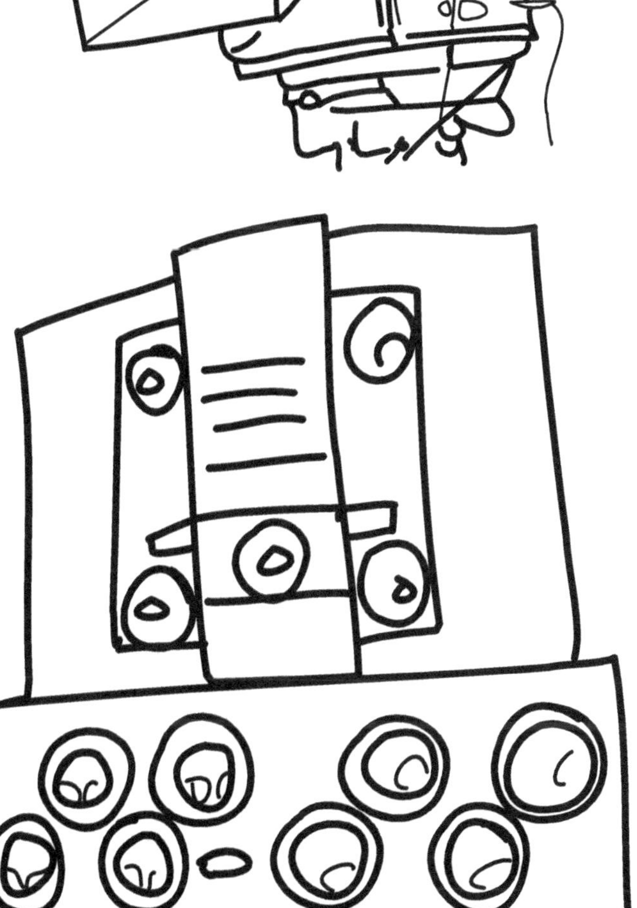

Agradecimientos

Gracias a mis revisores técnicos, C. Díaz y David Neary por
su profundo conocimiento y perspicacia editorial.

Muchas gracias a Valeria Dávila por traducir este trabajo.

Y una vez más, gracias a Rory: por escuchar sin cesar mis
esperanzas y sueños, y apoyar cada una de mis ambiciones.
Por todo.

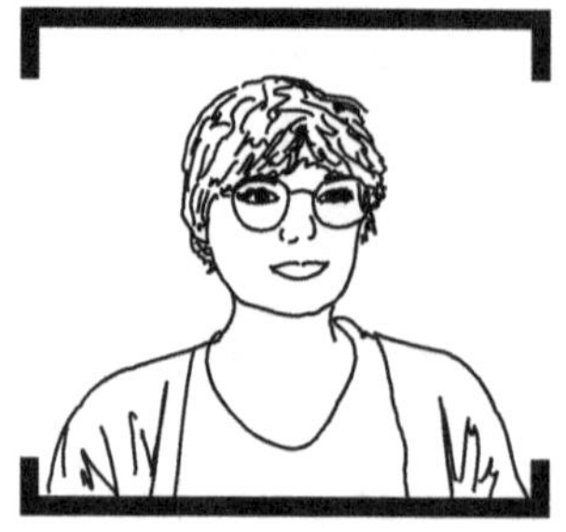

Sobre la Autora

Ashley Blewer es una archivista,
educadora y desarrolladora de
software con más de una década de
experiencia trabajando en formatos
multimedia. Ashley se especializa
en formatos de video y audio,
preservación digital y
comunicación.

Obtenga más información en
https://ashleyblewer.com

www.ingramcontent.com/pod-product-compliance
Lightning Source LLC
Chambersburg PA
CBHW080331030726
47593CB00010B/2966